彭洋洋 著

射频技术的
过去、现在
与未来

无线重构世界

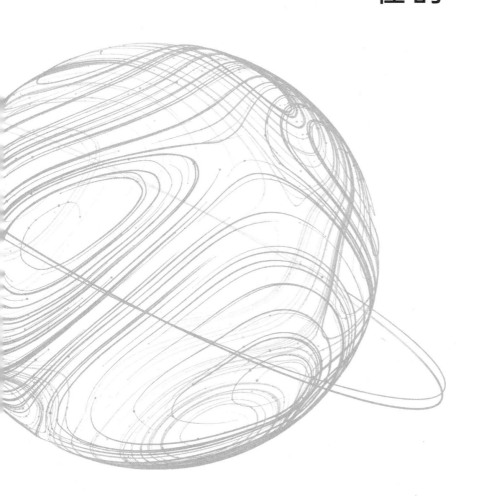

电子工业出版社
Publishing House of Electronics Industry
北京·BEIJING

未经许可，不得以任何方式复制或抄袭本书之部分或全部内容。
版权所有，侵权必究。

图书在版编目（CIP）数据

无线重构世界：射频技术的过去、现在与未来 / 彭洋洋著. -- 北京：电子工业出版社，2024. 8. -- ISBN 978-7-121-48510-7

Ⅰ．TN710

中国国家版本馆 CIP 数据核字第 2024MM7721 号

责任编辑：杨雅琳
印　　刷：天津千鹤文化传播有限公司
装　　订：天津千鹤文化传播有限公司
出版发行：电子工业出版社
　　　　　北京市海淀区万寿路 173 信箱　　邮编：100036
开　　本：720×1000　1/16　　印张：1　　字数：253 千字
版　　次：2024 年 8 月第 1 版
印　　次：2024 年 9 月第 2 次印刷
定　　价：108.00 元

凡所购买电子工业出版社图书有缺损问题，请向购买书店调换。若书店售缺，请与本社发行部联系，联系及邮购电话：（010）88254888，88258888。

质量投诉请发邮件至 zlts@phei.com.cn，盗版侵权举报请发邮件至 dbqq@phei.com.cn。

本书咨询联系方式：（010）88254210，influence@phei.com.cn，微信号：yingxianglibook。

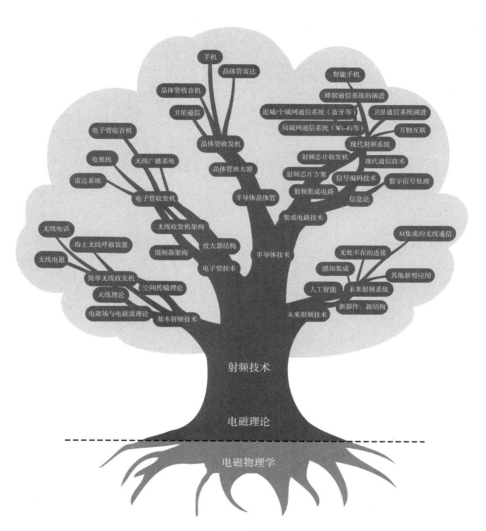

射频技术之树

专家推荐
RECOMMENDATION

  随着社会数字化转型的深入，射频的应用范围还将有很大的扩展空间，射频技术的创新之路还很长，期待本书的出版激励更多科技人员投身射频技术的研究开发，推动射频技术的进步和发展，进一步提升射频的频效和能效，让射频技术更好地支撑数字中国和网络强国的建设，为普惠民生服务。

中国工程院院士 邬贺铨

  射频是一门艺术，但对多数人来说却是一个黑魔术，因为它集高频Analog电路设计、电磁理论、通信理论、控制理论等于一身，是一门比较"硬"的学科。此书试着用直观的叙述，深入浅出地协助读者了解半导体的由来、制作过程及无线收发机等，并专注于射频的前端模块设计及其在通信标准演化中的地位。真诚推荐想了解及研究射频半导体产业的读者阅读此书，借由此书带领读者踏入无线世界，拓展无限视界。

联发科技股份有限公司董事长 蔡明介

  这本书简明易懂地介绍射频知识，包括半导体、射频芯片、射频系统等，融合理论与实际。既适合射频从业者提升技能，也可作为学生教材。推荐给射频技术爱好者，阅读后必有收获。

龙旗科技董事长 杜军红博士

万物互联的智能世界正在到来。射频技术是无限连接的赋能者，架起连接万物的桥梁。深入理解射频，就是在理解未来智能互联的基石。本书用通俗易懂的方式打开了射频世界的大门，适合所有对智能互联有憧憬的读者。欢迎大家一同探索，与我们共迎万物互联的智能未来。

慧智微董事长　李阳博士

本书基于作者十多年对射频芯片产业的深度参与和对射频器件未来发展的全面把握，从射频模组的前世今生到射频演进的未来机会，系统性地提炼了现代射频的标准、系统、芯片、方案及行业的运行规律等技术知识，是射频芯片领域不可多得的技术凝练。更难得的是，不同于常规的通信技术书籍，本书以平实生动的语言将作者参与射频产品研发过程中的经验感受分享出来，很好地将中国通信产业专家在当前射频技术发展前沿领域的拼搏和努力展现给了大众。

中国移动集团级首席专家，中国移动终端公司技术部总经理　崔芳

本书从人类通信起源和电磁波传播基本原理讲起，深入浅出、全面系统地介绍了射频技术的原理、发展历程、应用现状等基本知识，并着重介绍了功放、低噪放、滤波器、开关等主要射频模块的原理和设计，并对手机、物联网等典型射频应用系统方案展开介绍，最后对射频技术和产业未来发展趋势进行了展望。本书凝聚了作者十多年射频产品一线研发经验，内容逻辑清晰，实用性强，是一本难得的射频技术科普读物，非常适合有志于从事无线移动通信相关工作的专业人员阅读。

vivo通信研究院院长　秦飞

射频是无线通信技术的身躯，当代移动通信系统和移动互联网的普及离不开先进射频技术的广泛应用和不断进步，消费者手中每一部功能强大的智能手机中都具有大带宽、多通道、高效率、高可靠、高度紧凑的射频技术，承载着GB级乃至TB级的海量数据于茫茫空间中穿梭。作者通过本书将多年

从事移动通信行业的经验与心得娓娓道来,不论对从业人员,还是学生、技术爱好者群体,都是不可多得的指南和参考。

OPPO通信标准总监　唐海

本书涵盖了射频技术的历史与现代发展,以生动的语言深入解析了射频芯片和系统的关键环节。作者经验丰富,将多年的实践心得和深刻的行业洞察融入书中,赋予其前瞻性和实用性。作者对射频标准演进也有着深刻洞察,为读者提供了宝贵的知识储备和行业发展视角。相信专业人士和对射频感兴趣的读者都能从中受益良多。

华为技术有限公司 3GPP RAN首席标准代表　甘剑松博士

作者通过亲切的口吻,详细讲述了射频通信技术的过去、现在和未来。本书的内容展现了作者在射频技术领域工作多年积累的先进经验和深刻心得。书中的内容既有广度,也有深度,且易读性很好。无论是本专业的在校学生,还是资深的射频工程师,都能从本书中获得知识,得到启发。

浙江大学集成电路学院　韩雁教授

本书作者把多年来在实际工作中积累的射频芯片设计和应用经验总结的精华,以及对射频标准、器件、方案、系统等技术知识和未来发展的权威理解,通过通俗易懂的语言呈现给了广大读者。对于初入职场的射频小白、资深射频工程师、射频行业观察人员、射频专业在校学生等不同背景读者群体来说,这是本极具价值且不可或缺的通信技术书籍。

华勤技术股份有限公司资深射频研究工程师　卫青博士

序
FOREWORD

邬贺铨
中国工程院院士

科技发展的历史犹如璀璨星河，我们不断追寻着智慧之光。在科技发展的长河中，信息与通信技术犹如一艘承载着人类智慧与进步的航船，帮助人类完成跨越时空的沟通与信息传递，并推动生活方式和工作模式的变革。近代，随时随地泛在连接的需要使得射频越来越受到重视，适用场景也在不断扩展，射频已经不仅是一种通信手段，还发展到感知、探测和定位；不仅用于连接人也用于连接物，还可作为能量传输的载体。射频开拓了信息通信技术研究的广阔空间，频段不断扩展，从甚低频到太赫兹，无时不在，无处不达，无所不及。它与我们朝夕相伴，成为手机、计算机、平板电脑的标配，水表和电表等各种传感器数据通过射频得以读取，共享单车和网约车等的使用管理也依赖于射频的支持。射频帮助我们使用手机直连位于地球上方3.6万千米的同步轨道卫星，应急之时维系生命通道。当今社会，射频触及的范围之广已经令人叹为观止，通过看不见的电磁波，射频渗透人们的生活与工作，融入万物连接之中，实现信息的全面感知和共享，极大地提升了人类认知世界的能力。

尽管射频无处不在，但它对于许多人来说仍然是一个相对抽象的概念。即使对于射频行业从业者来说，新技术层出不穷也需要不断学习。射频涉及物理和数学等基础学科及电子、通信与材料等多个领域，射频的应用需遵循无线电频率管理、绿色低碳约束及电磁辐射安全等标准和规范，射频是一门具有很强工程技术属性的交叉学科。几十年来，人们对无线传输的要求越来越高，射频也在飞速发展。从4G到5G再到6G，从地面通信到空天地一体化网络，从云计算到大数据及人工智能，从物联网到先进制造……射频发展日新月异，应用范围也越来越广，需要用到射频相关知识的场合也越来越多，社会对射频的科普有着迫切需求。

  本书作者潜心研究射频技术和产品开发多年，对射频有深入的理解与思考，积累了丰富的工程经验，现将心得体会汇聚成书，无疑为满足射频科普这一需求做出了积极的贡献。本书内容涉及范围很广，从射频发现溯源讲到现代射频，从射频芯片中的半导体工艺讲到射频系统的设计，从射频技术标准讲到射频应用。本书用讲故事的写法引出射频发展的历史，用科普的语言深入浅出介绍复杂的射频原理，让射频走下学术殿堂成为触手可及的知识，为原来不具有射频相关知识的读者打开了一扇通往射频的窗户，为有志于射频探索的读者拓展研究的广度与深度。随着社会数字化转型的深入，射频的应用范围还将有很大的扩展空间，其创新之路还很长，期待本书的出版激励更多科技人员投身射频的研究开发，推动射频的进步和发展，进一步提升射频的频效和能效，让射频更好地支撑数字中国和网络强国的建设，为普惠民生服务。

前言
PREFACE

被誉为 20 世纪最伟大的科幻小说作家之一的克拉克（Arthur Charles Clarke）曾说："任何足够先进的技术都等同于魔术（Any sufficiently advanced technology is indistinguishable from magic）。"在很多人看来，射频就像是这样一种"魔术"。

射频可能是最为神奇的学科之一。射频和我们的生活离得很近但好像又很遥远，我们使用的手机、计算机都离不开射频，但我们却没办法看见它，没办法摸到它。射频非常古老但又非常现代，它基于最基本的电磁波现象，和光一样古老，但人类掌握和使用它的历史，也不过百年而已。

这样一门"魔术"一般的学科，让从业者学习起来挠头不已。相信不少人都有被射频领域中的抽象概念、复杂公式折磨得死去活来的经历。近年来，5G、5.5G、6G、射频集成模组、卫星通信、车联网、毫米波相控阵……不断涌现的射频概念更是让人应接不暇。抽象的射频遇到快速的行业变革，让人直呼难乎其难。

我国已经是射频行业大国，全球 3/4 的手机和一半以上的通信设备、无线物联网设备都在我国生产。我们已经聚集了数十万的射频人才，这些人才是我国在射频行业不断领先的原动力。可以说，这些射频人才掌握最新射频知识的速度，决定了我们在射频行业开拓进发的速度。

在对射频的探索中，慧智微在可重构射频芯片领域取得了一定的进展。

在过去10年中，慧智微从技术突破走向产品突破，实现了射频前端芯片的可重构化、软件定义化。慧智微在射频的边界，努力尝试实现小小的突破。

射频的探索之途并非一帆风顺。在开发过程中，我们遇到了两个困境：
- 没有合适的文字材料，可以让我们快速学习最新的射频技术。
- 没有合适的讨论环境，可以让我们就最新的射频技术进行探讨。

在过去10年中，这些困境曾让我们步履艰难。不过，幸运的是慧智微有一群愿意刨根问底的工程师，也有愿意支持我们花时间去想清楚技术底层问题的老板；同时也有宽松、开放的技术氛围，让大家愿意去分享与探讨最新的技术问题。在开发最新的射频技术之余，慧智微也积累了一些对射频的思考与理解。

2019年，5G爆发，整个行业开始向5G迁徙。作为5G的领先厂商，我们在与客户、行业伙伴沟通时，发现遭遇上述"困境"的不止我们。大家渴望了解5G，但又不知道从何学起；系统方案越来越复杂，分析起来却无从下手；产品一旦出问题，更是不知道怎样才能有效解决。

经过两年的走访与思考，我们决定将我们对射频的总结与理解，以文字的形式发布出来。让行业中的射频人，都可以快速看到、看懂最新的射频知识。

做出这个决定并不轻松，起初我们有很多顾虑。我们担心我们的分享不是真的对大家有帮助，只是增加了大家获取信息的负担；我们也担心这些免费的公开分享不利于公司知识产权的保护；我们更担心的，还是我们能力不足，太过片面的一家之言实在不敢拿出来公之于众。

在我们犹豫期间，很多行业专家给了我们正向的反馈，建议我们分享出来。于是，在2021年9月6日，我们抛砖引玉，将第一篇技术分享文章《如何才能不烧射频PA》在公众号发布出来。文章发布之后，我们才发现原来的担心都是多余的，行业专家给了我们很多鼓励，这些鼓励让我们感到做这件事是有意义的。同时，广大射频从业者们开始自发对技术问题展开讨论，让我们感受到行业技术讨论是可以和公司知识产权之间有一个良好平衡的。于是，我们就坚持写了下来。

截至2023年，我们撰写的有关射频的文章已有40多篇，累计阅读数量达十万人次。

由于射频行业涉及的技术方向较为纷杂，我们撰写的文章也慢慢涵盖了半导体、射频芯片、射频系统、整机等多个方面。这些文章散落在公众号中，逐渐开始不易阅读。感谢电子工业出版社的邀请，感谢电子工业出版社愿意将这些文章进行梳理出版。相信梳理成册之后，这些文字材料会有更清晰的脉络，会有更强的可读性。

本书的读者是对射频感兴趣的任何人：

• 如果您是射频研发人员，希望能和您像老朋友一样，聊聊射频行业和射频技术的家常。

• 如果您是射频专业的学生，希望您能了解到产业界射频的应用方案。

• 如果您是射频行业相关人员，希望能向您讲清楚射频技术的基本概念。

• 如果您是行业观察人员，希望能向您讲清楚射频行业的基本运行规律。

• 如果您单纯对射频历史感兴趣，希望您可以了解到射频发展的过程，以及射频在人类历史中的意义。

接下来，让我们一起探索射频的奥秘和乐趣吧。

目 录
CONTENTS

第一篇　射频源起

人类沟通的渴望 …………………………………………… 003
射频的诞生 ………………………………………………… 004
英雄辈出：射频的早期发展 ……………………………… 006
魔法加成：射频的爆发式成长 …………………………… 010

第二篇　现代射频

人多好办事：射频产业链协同 …………………………… 017
无规矩不成方圆：协议的标准化 ………………………… 020
现代射频系统：认识"三大件" ………………………… 027
射频系统方案：乐高积木的搭建 ………………………… 033

第三篇　射频芯片

沙子是怎么变成芯片的 …………………………………… 041
射频芯片中的半导体 ……………………………………… 052
收发机芯片：射频中的"搬移师" ……………………… 071
射频 PA：值得好好聊一聊 ……………………………… 078
射频 LNA：轻盈又细腻 ………………………………… 116

射频开关：简约不简单 ······ 119
高冷的滤波器 ······ 128
默默无闻的无源器件 ······ 137
射频芯片的封装技术 ······ 142
射频芯片的可靠性 ······ 149

第四篇　从芯片到方案

不同类型的拼图：射频芯片模组分类 ······ 159
手机射频芯片方案演进 ······ 162
物联网射频芯片的特点 ······ 178
车联网的射频实现 ······ 185
射频前端芯片中的接口技术 ······ 191
射频芯片的模组化趋势 ······ 197
射频芯片的软件化趋势 ······ 203

第五篇　射频的未来

进化：从5.5G到6G ······ 213
其他射频通信协议的进化 ······ 221
一些新的射频技术 ······ 224
未来的畅想 ······ 233

致　谢 ······ 239

第一篇
射频源起

射频听起来很高大上，其实它是一项离我们的生活很近的技术，它在我们身边已经无处不在了。我们的手机、计算机、智能手表，都通过利用射频来让我们与世界相连。射频让我们能够与千里之外的人交流，让我们能够收听来自天空的声音，让我们能够探索宇宙的奥秘。

虽然射频一直在我们身边，但它好像又离我们很远。我们没办法看到它和摸到它，它就像一种无形的魔法，把整个世界联系到了一起；它又像一种无声的语言，让我们可以隔空对话。

人们是如何发现射频这项奇妙的技术的？射频给人类社会带来了什么变化？射频会带领我们走向什么样的未来？带着以上问题，我们一起回到200年前，回到射频刚被发现的19世纪，看看这项改变世界的技术是如何诞生的。

人类沟通的渴望

沟通是指人与人之间通过语言、文字、符号、图像的方式，交换信息的过程，沟通是人类社会的基础与发展动力。沟通帮助人类认识自我和他人，沟通帮助人类解决问题和创造价值，沟通还帮人类表达情感和建立关系。人们通过沟通展示思考、感受和愿望，分享知识、经验、技能与资源，协调行动、关系与决策，还通过沟通传递喜怒哀乐、爱恨情仇、赞美批评等各种情感。人类具有强烈的社会性和好奇心，从人类诞生之日起，沟通就是人类最本质的需求。

作为人类最本质的需求，沟通在人类发展历史上却长期存在限制。最早期，人类社会语言能力有限，原始人类的语言能力还没有发展完全，他们只能使用一些简单的声音、动作、表情和符号来进行交流，而无法表达复杂和抽象的概念与内容，更不用说将这些内容记录并且传播了。原始人类的沟通，存在时间和空间两个维度的双重阻碍。

为了突破沟通在时间上的阻碍，人类发明了文字。文字是最早被人类用于沟通的工具之一，它将语言转化为可视化的符号，从而实现信息的记录、保存和传播。文字的出现，使人类的沟通可以跨越时间。根据记载，人类最早的文字诞生于公元前3000年，这些文字跨越时间，让我们可以和5000年前的人类进行沟通。

文字是人类沟通的最初奇迹，它让人类把心中的话变成可见的符号，从而使信息得以保留，穿越古今。人类借助文字实现沟通对时间的跨越之后，如何实现沟通对空间的跨越成为过去5000年人类孜孜不倦的努力目标。虽然人类尝试了许多不同的方式来进行信息传递，但这些方式各有局限，无法真正实现沟通对空间的跨越。

相较于实现沟通在时间上的跨越，实现沟通在空间上的跨越要难得多。人类首先想到的是用自然界中存在的物品或现象进行信息的传播，如利用鼓声、火炬、烟雾、鸟鸣等可以发出声或光的物品或现象，来传递信息或信号。我们熟悉的"烽火狼烟"描述的就是这种沟通方式。这种方式简单易行，但会受到距离、天气、地形等因素限制，而且传递信号单一，效果与效率不高。

人类还尝试利用动物的特殊能力进行沟通，如利用家鸽、马匹、骆驼等具有方向感和忠诚性的动物携带信息或文件，飞往或奔跑到目的地。我国古代小说里提到的"快马八百里加急"，指的就是这种沟通方式。这种方式虽然提高了传递速度，扩大了传递范围，也提高了传递信息量，但受到动物数量、寿命、健康等因素限制，传递可靠性和安全性并不高。

直到19世纪，射频的出现，让人类找到了信息远距离传递的最佳载体。自此，沟通的时间与空间边界均被突破，人类彻底进入了一个自由沟通的世界。

射频的诞生

射频是一种利用电磁波的频率来传输信息的技术。

射频依靠的是电磁波，电磁波是通过空间电场与磁场变化从而传递能量的一种现象。电磁波能量传播的一个重要特点是可以进行不需要（至少在现在的理论分析中是不需要的）介质的传输，电磁波甚至可以在真空中进行传播。电磁波的这种传输特性给了人类很大的想象空间：如果信息可以"凭空"传递出去，送信传报，不就再也不需要马匹、信鸽了吗？而且速度更快，可靠性更高。

带着以上憧憬，人类对电磁波展开了一系列研究。自1831年，40岁的英国物理学家法拉第（Michael Faraday）首次发现了电磁感应现象后，众多聪明卓越的科学家便投入电磁学的研究中。也许是命运的巧合，在法拉第首次发现电磁感应现象的1831年，另外一位著名的电磁学物理学家麦克斯韦（James Clerk Maxwell）诞生了，没错，就是那位用4个方程式奠定了整个电磁学理论基础的天才物理学家。1831年，人类的电磁学命运就这样神奇地完成了交棒。

麦克斯韦极其聪明勤奋，1847年，16岁的他就进入了英国苏格兰的最高学府爱丁堡大学进行学习；1850年，他又到人才济济的剑桥大学求学，毕业后在剑桥大学任教。在剑桥大学期间，麦克斯韦读到了法拉第的研究成果，迅速被其新颖的实验和见解所吸引。麦克斯韦开始对电磁学进行研究，并发表了一系列成果。1864—1865年，麦克斯韦总结了他研究的电磁理论，其后，其他学者将其简化为4个方程式，即经典的麦克斯韦方程组。他认为光也是一种电磁波，所有电磁波都遵循同样的规律。1873年，42岁的麦克斯韦出版了关于电磁理论的经典巨著——《电磁学通论》。

麦克斯韦的理论分析使人们重新认识了"光"，还为人类找到无线通信的媒介。可以说，没有麦克斯韦的发现，就没有现代电子学，甚至没有现代文明。

只有理论猜测还不足以使人们相信电磁波可以改变人类历史，在法拉第与麦克斯韦等先驱物理学家对电磁理论进行研究后，世人对这种看不见、摸不着的现象还是充满怀疑。真正用实验证明麦克斯韦理论的，是1887年的赫兹实验。当时，30岁的赫兹（Heinrich Rudolf Hertz）设计了实验，证明了电磁波的存在。赫兹实验轰动了全球科学界。自此，由法拉第开创、麦克斯韦总结、赫兹实验证明的电磁理论，取得了决定性的胜利。电磁学发展也进入了快车道。

电磁学是射频技术的基础，电磁学要比射频技术范围广得多。根据频率的不同，电磁波分为射频、太赫兹、红外线、可见光、紫外线、X射线、伽马射线等。不同类型的电磁波有不同的应用，例如，可见光是人眼就能感知的电磁波，射频与微波可应用于无线通信，X射线可以用于医学和工业检测。

虽然电磁波的理论范围非常广泛，但考虑产生及传播的实现难度、传播效果等因素，在射频通信里，只选取了其中的一小部分用于射频技术使用。

在当前的定义中，一般称频率范围在300kHz到300GHz的电磁波为射频频率（Radio Frequency，RF）。通过射频的英文名称也可以看出，射频频率是主要用作广播（Radio）通信的频率。射频在电磁波频谱中的位置如图1-1所示。

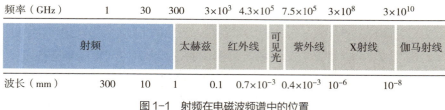

图1-1 射频在电磁波频谱中的位置

虽然射频只是一项物理技术,但它的发现与应用却极大地推动了人类文明的发展。这项技术在20世纪得到迅速发展,在通信、广播、雷达、导航、遥控、医疗、军事中,都得到广泛应用。

射频不仅是人类文明的一部分,也是人类文明的推动力。射频不断发展和创新,不断被应用于各种领域,在满足人类社会需求的同时,也不断应对着技术发展带来的挑战,影响和改变着人类社会的结构与文化。

射频使人们跨越了时间和空间的阻碍,实现了远距离、高速度、高容量的信息传输,让地球变成了"地球村",使全球社会结构发生了彻底改变;射频使人们可以探索和利用更广阔的空间和资源,如在卫星、航天器、无人机等领域的应用,使我们从此能以更广大的视角来观察我们身处的宇宙环境,拓展了人类认知的边界与深度,让人类能够超越原有的限制,实现对更广阔世界的感知;射频还提高了我们的生活水平,改善着我们的工作协同方式,如在手机、电视、无线互联网、导航、雷达等领域的应用,极大地促进了人类社会的交流和发展,使人类的行为和创造文明的方式都发生了改变。

英雄辈出:射频的早期发展

1887年的赫兹实验实现了电磁理论的闭环,自此,法拉第、麦克斯韦等理论先驱所建立的电磁理论,有了完整的理论框架。射频这项技术自此开始快速发展。

在原始射频阶段,射频通信所依靠的主要是基本的电磁理论、电路理论,以及基本通信理论;在硬件上采用真空管等简单电路元件实现射频通信。在这一阶段，人类实现了射频电波的生成和检测，实现了跨大西洋的无线电报发送，也出现了一些基本的调制技术。在这一阶段，射频"王朝"逐步建立。"王朝"建立之时，也是英雄辈出之时。射频"王朝"的建立也不例外，众多熠熠生辉的英雄在这个时期开始涌现。

在电磁理论建立之后，许多充满创造力和冒险精神的年轻人，加入射频通信的商业化推进队伍。在最早的先行者中，最成功的是意大利物理学家和发明家马可尼（Guglielmo Marconi）。马可尼出生于1874年，那时，麦克斯韦的《电磁学通论》出版刚刚1年。马可尼家庭条件优渥，从小就对科学和技术有浓厚兴趣。

1894年，马可尼20岁，37岁的赫兹因病去世。也正是在这一年，马可尼读到了赫兹的著作。马可尼认为这些实验清楚地表明了看不见的波的存在，并且它可以以光速在空中传播。年轻聪明又富有冒险精神的马可尼敏锐地意识到：电磁波可以用来进行远距离的信号传送。这样一来就可以实现有线电报所不能完成的事情，如将信号发送给海上航行的船只，甚至传输到大洋的彼岸。

只经过一年的努力，1895年，21岁的马可尼发明了射频信号的发送与接收装置，这种装置可以实现2.4千米的莫尔斯编码传送。马可尼意识到这可能是一个巨大的商业机会，于是向意大利政府寻求支持与资助。但在当时的意大利，因为理论与商业利益之争，马可尼的发明并没有得到足够的重视。于是一年之后，马可尼来到英国，申请了无线电专利，并组建了以其姓名命名的无线电报公司：马可尼无线电报公司。

与电磁学前期的理论家不同，马可尼是个不折不扣的工程师和商业奇才。马可尼在1897年成立无线电报公司之后，将射频应用到出海航行的船只上，拯救了许多海上的遇险人员。人类第一次感受到射频带来的力量。虽然已取得了商业成功，并在英国取得了一定的成就，但马可尼却不满足于此，马可尼想做的，是让射频改变世界。

1901年，马可尼计划在加拿大和英国之间进行无线电通信，实现射频信号的跨大西洋传播。此举的象征意义大于实用意义，马可尼想借此机会，让全世界看到射频的力量，让全世界看到自己的公司。马可尼在距离3400千米的英国和加拿大分别建立了射频信号的发射与接收站。1901年12月12日，马可尼在英国接收站等待着来自大洋彼岸的信号传输，经过几小时的焦急等待，马可尼终于听到耳机中传来的嘀嘀嘀声，马可尼激动地向世人宣告了这一信息，举世震惊，自此，全世界都注意到了射频无线通信技术。马可尼也因为首次实现了商用无线电报的发送和接收，被称为"无线电之父"。

随后，科学家对射频不断进行改进。英国物理学家和电气工程师弗莱明（John Ambrose Fleming）在马可尼的公司工作期间，改进了射频通信系统。弗莱明最为伟大的发明是在1904年发明的真空管：弗莱明在一个真空灯泡中，制作了单向直流工作的器件，这个器件就是二极管。二极管的发明对于射频的发展有巨大影响，二极管可以用来检测和整流射频信号。天线感应出的交流电信号很微弱，很难被直接听到或看到，但把射频信号输入到二极管中，就可以得到一个单向的直流信号，这样，用一个耳机就可以听到信号的变化。

弗莱明对于二极管的发明还催生了后期的三极管、四极管等更强大的真空管的发明。福雷斯特（Lee De Forest）也是在马可尼的激发下，对射频检波装置产生了浓厚的兴趣。出生于美国的福雷斯特年长马可尼一岁，从小被认为是一个平庸的孩子，但他对射频装置一直保持坚定的兴趣。1906年，福雷斯特在真空二极管的基础上，加入了第三极来控制电流大小，于是真空三极管就被发明出来了。早期三极管的发明并没有得到世人重视，福雷斯特甚至遭受过法院判决，称其发明的三极管是"毫无价值的玻璃管"。但福雷斯特却从不放弃，坚持不懈地改进着他的三极管。1912年，福雷斯特把多个真空三极管连接起来，再把他的手表放在话筒前方，这时，耳机里传来几乎震耳欲聋的手表嘀嗒声。这就是最早的扩音器。三极管的发明使人类不仅可以对射频信号进行检测，还可以对射频信号进行放大，甚至完成后续的调制，也使射频信号可以覆盖更远距离和更多用户，让射频得以走入寻常百姓家。

电路技术准备好之后,射频通信架构及射频通信方式也随之进步,人们可以发明更复杂的电路,来实现更远距离和更高质量的射频信号传输。

1918年,美国工程师阿姆斯特朗(Edwin Howard Armstrong)发明了超外差架构的射频收发系统。超外差发射架构利用本振振荡信号和输入信号的混合,产生新的射频信号,这个新的射频信号频率等于本振频率和输入信号频率的和。这样改变本振频率就可以控制射频信号的频率,实现对射频信号的良好控制。超外差接收架构与之相反。在超外差架构下,接收机的灵敏度和选择性大大提升,射频信号传输的距离再次提升。超外差架构也成为射频的标准配置,直到现在仍被广泛使用。

这一时期,在让射频信号传输更远、质量更高的驱动下,一系列创新电路被发明出来。随着这些电路的发明,科学家也将射频的基本理论框架建立起来。在这段时间内,科学家了解了射频的传输特性,理解了射频在不同导体中的阻抗特性,匹配与传输的概念被建立起来。1939年,工作于贝尔实验室的史密斯(Philip H. Smith)将射频匹配与阻抗的概念表示在一个图上,用来进行传输与阻抗的计算,这就是大名鼎鼎的Smith圆图(见图1-2)。Smith圆图被广泛流传,直到现在还是射频人工作中的必备工具。同一时期,科学家还掌握了射频放大器的基本结构,并利用到射频系统中。例如,在现代基站设备中广泛使用的多尔蒂(Doherty)架构,就是美国工程师多尔蒂(William H. Doherty)在1936年发明的。

正是由于全球众多天才科学家的投入,在不到50年的时间里,射频理论体系被迅速完善。射频在无线电报、雷达、制导

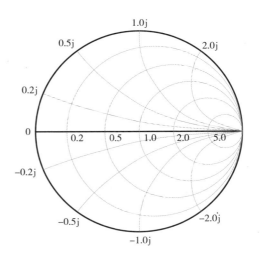

图1-2 Smith圆图

等应用中得到广泛应用。这项技术在被发明50年后,就实现了对人类社会的改变。

魔法加成:射频的爆发式成长

在第一次和第二次世界大战期间,射频得到广泛应用,其在通信、雷达上强大的力量使人们再也不敢小觑这项技术。在第二次世界大战之后,人们再也不质疑射频可能对人类社会带来的改变了。这时,不管是跨越大洋的无线电报,还是日常生活中收听的广播,射频已经完成了从理论到应用的跨越,射频进入寻常百姓家,人类沟通的地理边界被打破了。

但人类对于沟通的需求却不止于此。不管是远程的电报,还是收听的广播,这些信息最多传播声音,无法传输图片。射频实现了"顺风耳",但还没实现"千里眼"。

虽然对于人类来说,听觉和视觉是一对平等的感官,但是对于射频传输来说,听觉和视觉却有本质的不同。早期的射频无线技术采用简单调制,将文字简单编码后就可以进行无线电报传输了。声音是一种频率范围在20Hz到20kHz的模拟信号,将声音信号进行简单射频调制后,将其发射到空中,可以实现其在空中的射频传输。但视觉看到的图片包含的信息量大,不能直接调制到射频信号上。所以在早期简单的射频系统中,没有办法实现图片的无线传输,更不用说动态的视频了。

在射频的技术框架基本建立后,其他现代技术开始对射频进行魔法加持,其中最重要的两项技术是信息论及芯片技术。

香农定理是信息论的代表定理,它由美国数学家、工程师香农(Claude Elwood Shannon)于1948年提出。香农定理指出了射频无线信道传输极限和最优条件,是射频通信设计中的重要准则与目标。在香农定理之前,人们并不清楚射频通信的性质和规律,虽然马可尼、阿姆斯特朗等通过实验和观察,对射频系统进行了卓有成效的改进,但这个改进的极限在哪里,怎样才是有效的改进,大家都说不清楚。香农用一个简单的公式,说明了射频信道传输的最大速率与信道带宽，以及射频信号与噪声呈正比例关系。香农定理的出现，使射频的发展有了方向，射频系统也从仅具有单一、简单的收发功能，发展成可以完成复杂功能的多元系统。

香农定理提供了理论极限，在香农定理的指导和启示下，越来越多的信号调制方式被发明出来。例如，各种新型数字调制方式，包括相位偏移键控（PSK）、频率偏移键控（FSK）、振幅偏移键控（ASK）、正交幅度调制（QAM）等；既能提高无线通信安全性与稳定性，又能实现多用户共享接入的扩频通信；新型多址技术，包括码分多址（CDMA）、宽带码分多址（WCDMA）等；正交频分利用技术，包括正交频分多址（OFDMA）、单载波正交频分复用（SC-FDMA）等。这些信号调制方式极大地释放了射频通信的潜能，使在有限频率资源下的信号传输，无限接近香农定理极限。

复杂的调制方式最大化利用了射频频谱效率，但也给应用带来了巨大的挑战。在早期的射频应用中，倚赖的是真空管等简单的射频器件，这种器件只能完成简单的射频信号发射与接收，无法实现复杂的信号调制。面对香农定理给出的信号传输极限，射频工程师只能望洋兴叹，巧妇难为无米之炊。

但这一切在芯片发明之后变成了可能。

芯片是采用半导体技术制造的一系列电路。在芯片被发明之前，射频系统是采用真空管进行设计和制造的。真空管设计的电路尺寸大、可靠性差、重量重。虽然射频让人类可以突破地域限制，实现全球互联，但这个互联却因为真空管而并不耐用，也不方便。采用真空管设计的收音机一般如衣柜大小，即使做完小型化后，也需要双手合抱才能移动。在第二次世界大战期间，各国将射频应用到远程导弹的制导和远程遥控上，但运输和空间运行中的颠簸常常使射频通信设备失效，造成导弹无法按预期方式引爆。于是在第二次世界大战结束之后，全球开展了替代真空管的技术研究。

半导体行业专家们意识到半导体材料有可能完成这一历史使命。1947年，美国贝尔实验室的巴丁（John Bardeen）、布拉顿（Walten Houser Brattain）和肖克莱（William Shockley）利用半导体材料制成了一种器件，这种器件可以像真空三极管一样工作，利用小小的电流，就可以实现对大电流的控制。肖克莱等意识到这将是改变世界的发明，他们给这种器件取名为电阻转换器（Transfer-Resistor），以表示其具有可以对电阻进行转换的特性，后被简称为Transistor，中文翻译为晶体管。

晶体管是集成电路的基础，集成电路出现之后，开始对各行各业产生革命性影响。但晶体管对射频的影响，不需要等到集成电路的到来。1954年开始，一些射频设备公司开始利用晶体管设计射频设备。这其中最有代表性的，当属日本东京通信工程株式会社设计的索尼系列半导体收音机。

1952年，东京通信工程株式会社前往美国考察，并得到晶体管技术的技术许可。1954年，东京通信工程株式会社研制出第一款全晶体管收音机TR-52，但受制于技术，该收音机并未实现稳定量产。1955年，东京通信工程株式会社推出第二代晶体管收音机TR-55，随后，其开始了在晶体管收音机领域的不断开拓与突破。1957年，东京通信工程株式会社注册了索尼商标，由于索尼品牌因其晶体管收音机被全球认可，东京通信工程株式会社甚至将公司直接更名为索尼，并开始了在便携娱乐系统中长达50年的统治。

晶体管收音机有诸多优点，最大的优点就是重量轻、尺寸小。采用晶体管设计的收音机可以被放在口袋里，所以被称为口袋收音机。口袋收音机的出现改变了人类的生活方式，是人类最早的"随身听"，自此人类再也不需要宅在家里听广播了。一时间，随身携带收音机成为当时的时尚。索尼利用晶体管技术开发了各种创新产品，如随身听、电视机、录像机等，并借此成为世界上最著名的电子企业之一。

单单是个位数量的晶体管对于传统真空电子管的改造，就足以实现巨大的改变。这也坚定了科学家基于晶体管集成电路重构世界的信心。虽然晶体管收音机做到了小型化，使设备做到了"移动互联"，但由于射频通信的限制，并不能将不同用户区分开来。那么多用户同时在线又实现自由互联，就需要用到半导体技术的升级——集成电路技术。

晶体管被大量用于电路制作，逐渐完成对真空电子管的替代。但在替代过程中，人们发现，当晶体管数量增多时，纷杂的互联线依然会带来可靠性问题；并且随着晶体管尺寸变小、数量增多，互联变得越来越有挑战性。于是，在1956年，德州仪器的工程师基尔比（Jack Kilby）研制出了第一块将多个晶体管及部分互联线集成在同一块半导体衬底上的电路，将其称为集成电路（Integrated Circuit），从此开启了集成电路时代。

随后，集成电路以惊人的速度发展。1965年，当时还在仙童半导体公司的戈登·摩尔（Gordon Moore）在一份报告中预测："在未来10年内，每过18个月，集成电路的集成度便会增加一倍，同时价格下降为原来的一半。"这就是影响了集成电路行业发展50多年的摩尔定律。虽然只是一个经验之谈，但摩尔定律却成为集成电路行业的通识目标。集成电路行业的设备厂商、生产厂商及设计厂商，都将此作为规划产品路线图的重要参考，推动着集成电路行业不断演进。指数级演进的威力也在过去近60年被展示得淋漓尽致：集成电路改变了整个世界，如今人类社会的方方面面无不是建立在集成电路之上。

在集成电路被发明之后，一些工程师尝试用集成电路来实现射频系统。1979年，雅各布斯（Irwin Jacobs）等意识到集成电路技术将会给无线通信技术带来革命性影响，于是决定创办自己的公司。他们打算利用集成电路的强大算法，实现更大数量级数据在有限频谱中的传播，其代表性的技术是利用码分多址（CDMA）技术实现的射频通信连接。这种通信方式改进了原来移动电话的时分多址（TDMA）技术。雅各布斯等将公司取名为高通（Qualcomm），寓意高质量通信，他们相信越来越强大的集成电路可以让他们在现有射频频谱带宽内，填充足够多的信号信息，直至逼近香农定理的极限。从接下来50年的发展看，高通对于集成电路的期待成功了。在2G之后的每一代手机技术迭代中，高通都提出了如何使射频无线频谱传输更多数据的想法，并用越来越先进的集成电路技术将其实现。这些想法并不简单，并且越来越复杂，依靠不断发展的集成电路技术，这些想法才能得以实现。

在信息论和芯片两项技术的加持下，现代射频不断发展。射频信号的产生、处理和传输都变得更加高效、灵活和智能。基于射频，涌现出许多无线通信标准。基于这些标准，人类可以使用手机、计算机等设备在任何地点和时间进行语音、视频、数据等互联网通信，还可以使雷达和卫星系统探测、定位空中、地面和海洋的目标。

　　有了魔法加持的现代射频，使我们不仅拥有了"顺风耳"，还拥有了"千里眼"。

第二篇
现代射频

经过百年发展,射频已经成为我们生活中不可缺少的一部分。据统计,全球在使用中的射频设备超过100亿个,这些设备大到飞机、轮船、楼宇,小到手机、耳机、玩具,都在利用射频实现无线通信和数据传输。

经过多年发展的射频也不像马可尼在一开始完成的字母编码信号收发那么简单,而是需要整个产业链协同才能完成传输。射频行业也出现了产业链的分工,出现了标准化的协议,也出现了模块化的系统方案。

在射频行业,全球的工程师用同一种语言描绘着这个世界,全世界的优秀科学家和工程师一起,推动着射频的进步,也推动着射频在我们身边各种设备上的应用。在这一部分内容中,我们一起来讨论现代射频产业链及方案的基本构成。

人多好办事：射频产业链协同

随着射频的发展，其功能变得强大，技术变得复杂，再也没有一家厂商可以依靠自己的力量实现完整的射频系统设计。于是射频产业链出现了全球分工。现代射频产业链是一个复杂而又紧密相连的网络。

当你打开手机想要完成和朋友的视频通话时，你手里的智能手机可能来自苹果、三星，或者华为、vivo、OPPO、荣耀、小米等厂商；手机里的基带芯片可能来自高通、联发科（MTK），射频芯片可能来自Skyworks、慧智微；这些芯片的生产又可能来自台积电、三星等。这部手机连上了由华为、中兴研发的5G基站，这些基站又是由中国移动、中国联通等运营商在运营……一个简单的通话动作，需要全球公司共同协作。

产生如此复杂产业链的原因是，射频发展速度非常快，从1G到5G，每一代技术都涉及新频段、新协议、新射频架构，需要不断地研究和创新。这些技术创新的每一个环节都需要不同的技术和能力，一个企业或一个机构无法做到面面俱到、一手包办。另外，射频所服务的对象也有非常广泛的多样化需求，从语音到数据，从个人到家庭、企业，每个场景的用户都有不同的应用需求，射频的开发需要多方面的合作和协调。

在这些需求下，逐步演进出现代射频产业链，如图2-1所示。

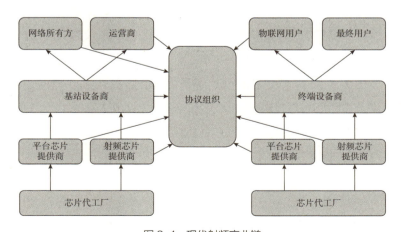

图 2-1　现代射频产业链

芯片供应商

芯片供应商处于射频产业链的上游位置，为射频通信设备提供高性能、低功耗、低成本的芯片解决方案。根据所提供芯片功能的不同，芯片供应商一般可以分为平台芯片供应商和射频芯片供应商。

平台芯片供应商是指提供射频通信核心芯片的厂商，主要包括基带芯片、处理器芯片、调制解调芯片等。这些芯片负责实现射频芯片通信中的算法功能，如射频信号的编码、解码、调制、解调、加密、解密等。平台芯片需要遵循不同的射频通信标准和协议，如4G、5G、Wi-Fi、蓝牙等。平台芯片供应商的代表有高通、华为海思、联发科、紫光展锐等。

射频芯片供应商是指提供射频收发功能芯片的供应商。射频电路一般由两部分构成，分别为射频收发机电路及射频前端电路。射频收发机的功能是完成基带信号与射频信号的相互转换，射频前端的功能是完成射频信号的发射与接收。由于射频收发机电路需要和基带电路紧密地配合，所以射频收发机芯片逐渐开始由平台芯片供应商提供。

射频前端部分主要包括功率放大器、滤波器、低噪声放大器、射频开关等主要模块，这些模块共同实现信号的放大、过滤、切换、匹配等。射频前端芯片供应商提供的射频芯片需要适应不同的频段和场景，并且有高的射频性能，以在复杂的干扰信号中，过滤及放大出需要的有用信号。还需要在发射时，保证周围其他终端的信号不被干扰。射频前端芯片的供应商有美国的Skyworks、Qorvo，中国的慧智微等。

从严格意义上讲，芯片供应商也不是供应链的最上游，大部分的芯片供应商采用无晶圆厂的方式进行芯片设计，这些芯片供应商的设计需要交由代工厂进行代工生产，并需要在封装厂封装测试之后，才形成芯片的成品。由于本书并不专注于芯片产业链，在此不对芯片产业链进行详细叙述。

设备供应商

设备供应商是射频产业链中的重要环节，它们负责射频通信设备的设计、生产和销售。设备供应商主要包含两类，分别是基站设备供应商及终端设备供应商。

基站设备供应商是指提供射频通信网络基础设施的厂商，这些基础设施包括基站、交换机、路由器等，它们负责实现射频通信网络的覆盖、接入、传输、控制等功能。这些设备同样需要遵循不同的射频通信标准与协议。主要的基站设备供应商包括华为、中兴、爱立信等。

终端设备供应商是指提供射频通信终端的厂商，终端类型包括手机、计算机、智能手表等。这些设备负责实现射频通信终端的连接、交互、应用等功能。除了遵循不同的射频通信标准与协议，终端设备还需要适应不同的用户需求和场景，如个人、家庭和企业等。终端设备供应商的代表有苹果、三星、华为、vivo、荣耀、小米、OPPO等。

除了用于射频通信的终端设备，还有连接万物的物联网设备。物联网设备是指可以实现射频无线连接的物理设备。常见的物联网设备既包括智能电视、智能音箱等在内的消费类设备，也包括智能照明、智能安防等企业类设备，还包括智能仪表、智能传感器等用于工业设备监测、控制、优化的工业物联网设备。

用户

射频通信产业链的最下游是用户，根据使用设备和所需服务的不同，用户主要分为运营商用户、个人用户，以及物联网设备用户。

运营商用户是指提供射频通信网络和服务的企业或机构，它们通过购买基站设备和频谱资源，来建设和维护无线通信网络。它们还通过提供各种套餐和业务来吸引个人用户和物联网设备用户，进而实现盈利。对于基站设备供应商来说，运营商是其最终客户。常见的运营商用户包括中国移动、中国电信、中国联通等。

个人用户是指使用射频通信终端服务的个人，如手机用户、计算机用户。个人用户通过购买终端设备及运营商提供的网络服务来享受射频通信服务。个人用户通过射频通信服务进行各种应用和活动，如通话、短信、上网、视频、游戏等。个人用户的需求主要是便利、娱乐、安全。

物联网设备用户是物联网设备的使用者，根据设备的不同，可能是个人用户，可能是企业用户，也可能是工业用户。物联网设备用户通常对设备通信的可靠性要求较高，希望设备完成可靠的射频通信。

无规矩不成方圆：协议的标准化

随着芯片技术、信息论等的加持，现代射频系统的发展进入了快车道。现代射频系统的产业链非常复杂，依靠单一厂商已经很难独立完成某项射频技术，更不用说推进这项技术为全球人类使用，并且不断演进发展了。

于是，射频通信协议组织出现了。射频通信协议组织是一些专门负责制定和发布射频技术标准和规范的机构或联盟，它们的存在是为了促进射频的发展和应用，保证不同的设备、系统、网络能够有效地交换信息，实现互联互通。

我们日常使用的多种射频通信协议标准，都是由这些射频通信协议组织制定的。例如，我们熟悉的4G LTE标准、5G NR标准，由3GPP制定。3GPP是一个由多个电信标准机构组织的合作组织，它还发布了2G GSM标准、3G WCDMA标准，3GPP也是目前最主流的移动通信技术制定者。除了3GPP，还有其他协议组织，如Wi-Fi联盟。Wi-Fi联盟是一个由多个企业组成的非营利组织，它负责推广和认证基于IEEE 802.11标准的无线局域网产品，Wi-Fi的商标也由这个组织拥有和管理，在这个组织的推动下，Wi-Fi已经成为无线局域网的通用名称。另外，还有蓝牙技术联盟、星闪联盟等。

协议组织的运行方式

经过数十年的演进，协议组织的运行方式也逐步固化下来。频谱管理组织、技术协议组织、行业组织、厂商等成员单位在不同组织中相互协同，也相互博弈，共同推动着射频协议的演进运行。射频协议的运行一般由频谱管理组织提出发展愿景，再由技术协议组织细化协议指标，之后再由行业组织推动行业部署。以蜂窝协议为例，一般运行方式如图2-2所示。

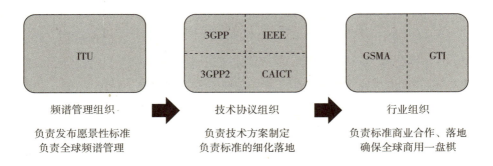

图 2-2　协议组织的运行方式

频谱资源是射频通信所使用的重要资源，协议组织首先要协调和管理的就是频谱资源。在频谱资源管理中，核心的国际组织是国际电信联盟（ITU）。ITU是联合国下属的专门机构，负责制定和发布全球性的电信标准规则。ITU成立于1865年，旨在顺利实现国际电报通信。1947年，ITU加入联合国，成为联合国15个专门机构之一。目前，ITU的核心工作是管理无线电频谱和卫星轨道资源。为了在全球范围内更好地执行频谱资源的管理规则，各个国家一般会成立自己的无线电管理机构，对射频频谱资源进行管理，如中国的无线电管理局、美国的联邦通信委员会（FCC）等。这些国家范围内的管理机构根据ITU制定的无线电频谱分配和使用规则，制定适用于各个国家的频谱管理计划和政策；同时也根据ITU制定的通信标准，授权和监督在每个国家内部使用的射频通信服务和设备。

对于射频通信协议而言，ITU是一个很高层次的组织，它负责制定的是全球性的电信标准和规则，以及无线频谱的划分方案等。这些高层次的需求对于技术方案来说距离有些过远，于是一些提供更具可行性操作技术方案的协议组织开始出现。

3GPP是其中有代表性的组织。1998年，3GPP成立，其成立的主要目标是制定一种符合ITU需求，基于GSM核心网和射频接入技术的3G移动系统。3GPP最初由6个成员机构组成，分别是中国通信标准协会（CCSA）、欧洲电信标准协会（ETSI）、美国电信工业协会（ATIS）、日本电气通信工业协会（ARIB/TTC）、韩国信息通信技术协会（TTA）和印度电信标准发展组织（TSDSI）。3GPP的存在，使射频通信协议可以平滑地从2G网络向3G网络过渡，保证了未来技术的后向兼容性，支持轻松建网及不同国家之间漫游兼容性。3GPP的存在加强了各个国家电信标准机构之间的合作和协调，避免了重复和冲突的工作，提高了标准的制定效率和质量。

这些协议组织实现了一系列标准化的技术文档及评估细则，促进了无线通信技术的创新和发展，为人类提供了更高数据速率、更多服务、更好性能、更低成本的射频通信网络。基于这些标准，人类实现从2G到5G一系列移动通信标准的演进，也实现了如Wi-Fi、蓝牙、NFC等一系列丰富多彩的射频技术，为教育、医疗、交通等各个行业提供了便捷、高效、安全的射频连接。

在这些射频标准协议中，有代表性的是蜂窝全球通信标准，以及Wi-Fi、蓝牙、GPS、UWB、NFC等标准。

把全球伙伴拉个群：蜂窝全球通信系统

在射频被发明后，"拉群"一下子变得更方便了。全球人类拉得最成功的一个群，要数人们每天使用的手机中的蜂窝网络"全球群"了。在这个群里，每个人都可以随时联系到在线的任何人。

将全球伙伴拉个群是个大工程，为了这个工程的实现，历代射频工程师和科学家经过了近百年的努力。利用射频，贝尔实验室在20世纪40年代推出了第一个无线电话系统，这个系统使用射频信号在固定的基站和移动的车载电话之间进行通信，但必须通过人工接线员进行呼叫转接，而且每个城市只支持3名用户同时连接。虽然有限的容量和较差的通话质量限制了这套电话系统的普及，但采用"固定基站+移动终端"的通信模式却流传了下来，为日后蜂窝网络的普及奠定了基础。

随后，美国、欧洲多国、日本开始发展和改进无线电话系统，大部分系统都是基于"固定基站+移动终端"的模式。人们将覆盖区域划分为多个小区域，每个小区域有一个基站和一个控制器，每个基站负责连接自己覆盖的小区域的移动终端，不同基站之间通过有线电话网连接起来。由于这种覆盖网络很像一格一格的蜜蜂窝，所以命名为蜂窝网络（见图2-3）。这种网络又像一个个的细胞，所以也被称为Cellular（细胞）网络。

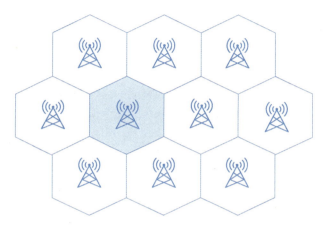

图2-3　蜂窝网络结构示意

进入20世纪70年代至80年代，射频无线通信系统开始逐渐进入全球化阶段，开始出现了一些标准化和兼容化的系统，如日本1979年推出的第一个实验1G系统、美国1983年推出的AMPS（Advanced Mobile Phone System）商用1G系统等。1G系统采用模拟信号，传输质量、频谱利用率等都受限，而且只能提供语音接入，于是各国开始考虑将1G网络进行升级。

在升级时，不同国家的运营商开始考虑将全球标准统一起来，这样做可以解决网络之间的不兼容问题，可以促进国际漫游和合作，让用户用一部手机，就可以在不同国家和地区使用，并且有助于移动通信协同创新和共同发展。为了实现2G标准的统一，各国运营商、厂商、政府和国际组织进行了多方面努力。最重要的是欧洲电信标准协会（ETSI）制定的开放的、国际化的、数字化的移动技术标准：GSM（Global System for Mobile Communications，全球移动通信系统）标准。GSM标准具有高效的频谱利用率、高质量的语音和数据传输、低成本的设备服务等优点，得到全球多个国家和地区的支持与广泛采用，成为最流行的2G系统。基于GSM标准的手机可实现全球漫游，人类终于可以不受阻碍地联系到全球伙伴。

尝到了全球标准统一的甜头之后，全球的伙伴们再也分不开了。在1991年2G移动通信系统推出后，蜂窝通信协议以约每10年为一个节点向前演进。2001年前后的3G、2011年前后的4G、2019年前后的5G，通信协议不断进步，速率不断提升，但始终保持步调一致。

在全球统一的射频通信网络下，国家间的合作性更强，全球的伙伴们都可以方便地享受灵活、统一的移动网络，不同国家和地区的伙伴们可以方便地进行实时、高清的交流，人们获得了更多、更好、更快的信息交流和服务。全球蜂窝通信系统给人类生活带来巨大的改变。

照顾好身边人：Wi-Fi、蓝牙通信

随着蜂窝网络的普及，射频这个看不见、摸不着的技术，将全球的人与人连接起来。人们对射频连接的需求也越来越多，这时蜂窝网络在一些场景下也显得有些吃力。例如，人们希望和身边一定范围内的设备连接起来，这个连接不需要触及全球，只需要覆盖身边的几米范围即可；也不一定需要大的数据量，有可能只是一个耳机，只需要传递音频即可。人们对连接的多种多样的需求，推动了更多通信协议的开发。

无线局域网协议就是在这种场景下被开发出来的。局域网是一种覆盖范围小（通常最多只有几百平方米）、传输速率高、成本低的无线网络。它利用接入点或路由器将一定范围内的设备连接起来，形成一个局部网络。局域网的优点是高速率、易部署、低成本，适用于办公室、家庭、校园等场所的数据共享与互联。缺点是覆盖范围受到限制，需要用户在接入点或路由器的信号范围内才能通信，并且由于没有基站对不同的设备进行管理协同，会存在干扰及安全问题。

Wi-Fi协议是无线局域网的代表协议，Wi-Fi协议是如此的受欢迎，以

至于Wi-Fi几乎成为无线局域网的代名词。Wi-Fi诞生的历史最早可追溯到1985年，美国FCC开放了900MHz、2.4GHz和5.8GHz射频频段，允许任何人在这些频段上进行无牌照使用，为无线局域网提供了合适的射频频段。1990年，国际电气电子工程师学会（IEEE）成立了802.11工作组，负责制定无线局域网协议。1997年，IEEE发布了第一个无线局域网协议，并在1999年对其进行了修订，发布了802.11a与802.11b。由于成本低、覆盖广，IEEE的无线局域网协议在市场上获得了成功。2000年，6家技术公司成立无线以太网兼容性联盟（WECA），后改名为Wi-Fi联盟（Wi-Fi Alliance），联盟致力于推广Wi-Fi技术，并对符合要求的产品进行认证与标识，随着2000年第一批Wi-Fi认证产品的发布，Wi-Fi正式进入商业化。

随后，IEEE 802.11工作组陆续推出802.11n、802.11ac、802.11ax、802.11be等协议，Wi-Fi联盟将其包装成Wi-Fi4、Wi-Fi5、Wi-Fi6、Wi-Fi7等，这些协议不断提升Wi-Fi技术的性能和功能，使其适应不同的应用场景和需求。在标准组织的技术推进及联盟组织的大力推广下，Wi-Fi已经成为全球最广泛使用的无线网络之一，被应用于家庭、办公、学校、公共场所等各种局域网环境中，为数以亿计的用户提供便捷、高效、安全的无线通信服务。

以Wi-Fi为代表的局域网极大地丰富了区域内设备的射频互联，但仍然没有办法完全满足人们对无线连接的需求。为了更好地"照顾好身边人"，人们想用更灵活、更简洁、更方便的方法，连接周边属于自己的设备。这些设备在自己的工作或生活空间内，只属于自己，有很高的私密性，如耳机、音箱、钥匙、手表、键盘、鼠标等。这些设备不需要连接到更远的蜂窝网络基站上，甚至用以家庭或办公室为中心的Wi-Fi局域网连接也不合适。于是就出来了"个域网"（Personal Area Network）的概念。

个域网代表协议是蓝牙（Bluetooth）。蓝牙技术可以实现不同设备之间短距离（一般小于10米）数据的传输和互联，最早是由爱立信于1994年发起的，目的是研究移动电话和配件之间的低功耗、低成本的射频连接方法。1998年，爱立信与诺基亚、东芝、IBM和英特尔5家公司成立了蓝牙特别兴趣组，以推动蓝牙技术的发展及标准化。虽然在工作频率上，蓝牙与Wi-Fi都是工作于2.4GHz的ISM频段，但二者协议的设计思路有所不同。蓝牙的速率和传输距离都远小于Wi-Fi，蓝牙的定义为传输10米以内的3Mb/s以下的数据，而Wi-Fi的目标是传输100米距离范围内、最高超过10Gb/s的数据。虽然蓝牙的速率和距离不如Wi-Fi，但在连接便利程度、功耗方面，都有极为明显的优势，非常适合人体周边设备，如耳机、键盘、鼠标、手表等设备的互联。经过20年的发展，蓝牙几乎已成为无线设备的标配射频连接功能，并且还催生了真无线（TWS）耳机的产生。

盘点其他射频协议

除了上述常见射频相关协议，还有一些协议在无线连接中起着重要作用，如GPS协议、UWB协议、NFC协议。

GPS是Global Positioning System的缩写，中文为全球定位系统。GPS是由美国开发的全球定位卫星系统，目前除了GPS，用于定位的卫星系统还有我国的北斗（Beidou）系统，俄罗斯的格洛纳斯（Glonass）系统，欧洲的伽利略（Galileo）系统。这些系统是利用接收多个卫星发出的射频信号，来确定地面接收设备的任何位置（经纬度和高度），以及精确时间的技术。这些技术最早出于军事使用目的，在20世纪80年代左右逐渐部分开放民用。这些技术可实现在空中、陆地、海洋等各种环境中，对飞机、汽车、船舶、火车、人员进行实时定位，极大地增强了人们生活的便利程度。

UWB的全称是Ultra Wide Band，中文为超宽带通信。在UWB定义中，可使用的频段范围是3.1GHz到10.5GHz，频段最大带宽达7GHz以上。相较于蜂窝无线通信单个频段大约10MHz左右量级的带宽来说，UWB带宽高了数百倍。不过UWB采用如此大带宽进行通信的原因倒不是为了获取更高的传输速率，而是为了获得更窄的（纳秒级别）的脉冲。从物理上分析可以知道，更窄的脉冲对应更宽的频谱占用，这就是UWB采用如此宽频带的原因。极窄脉冲的最大好处是可以获得精准的入射信号与反射信号的时间差，进而得到精准的位置信息。所以UWB在室内定位领域有着良好的应用，可以实现最高厘米级别的定位。

NFC的全称是Near Field Communication，中文为近场通信。从名称就可以看出，其目的是实现近距离的射频通信。NFC协议可以让两个相互靠近的设备彼此之间进行数据交换，而无须连接到互联网。NFC在门禁卡、电子支付等领域有广泛应用。NFC由飞利浦和索尼公司在2003年联合开发，目的是使电子设备之间进行非接触的点对点数据传输，实现便捷安全的射频通信。2004年，飞利浦和索尼、诺基亚一起，创建NFC论坛，开始推广NFC应用。目前，NFC技术已成为交通卡、门禁卡、电子钱包等应用的主要射频技术。

在射频技术中，不止通信技术需要标准化协议组织推进，其他相关技术，如无线接口技术、网络接口技术、控制接口技术等，也需要协议组织进行标准化，来确保不同厂商、不同类型、不同版本的设备和芯片能相互识别、连接和通信。在射频产品中，最重要的接口技术就是不同芯片和器件之间的控制接口标准。

MIPI协议是手机等终端射频芯片重要的接口协议。MIPI全称为Mobile Industry Processor Interface，由MIPI联盟制定和维护。MIPI联盟由ARM、英特尔、诺基亚、三星、意法半导体、德州仪器等公司于2003年成立，目的是为移动设备提供统一的接口标准。MIPI协议涵盖了多个工作组，分别定义了不同的接口规范，如摄像头、显示屏、射频等。射频前端工作组负责制定射频模块的控制接口，相关协议称为MIPI RFFE。目前MIPI RFFE已成为手机及物联网终端器件的标准控制接口。

现代射频系统：认识"三大件"

在马可尼最早发明的射频系统中，射频发射与接收极其简单。一个电火花设备负责发出一个射频脉冲，另外一个检测设备再将其接收检测就完成了整个收发通路。但随着射频的发展，信号调制方式变得极其复杂，频率控制和功率控制需要高度精准。在现代射频中，一般将射频系统分为三大块来实现，即射频系统的"三大件"分别是调制解调器、射频收发机、射频前端（见图2-4）。

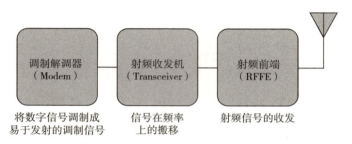

图 2-4　射频系统的"三大件"

调制解调器：信号的翻译官

调制解调器（Modem）的功能是将0和1这些基本的数字信号，与易于传播的模拟信号进行转换（见图2-5）。Modem是Modulator（调制器）与Demodulator（解调器）的缩写。常见的调制与解调方式有幅度的调制与解调、频率的调制与解调、相位的调制与解调等。在现代通信协议中，为了达到逼近香农定理的无线通信速率传输，经常共同使用多种技术进行调制与解调。常见调制与解调方式有AM、PM、FM、QPSK、64QAM、OFDM等。

随着射频的发展，调制与解调技术也变得越来越复杂。得益于对信息论理解得更加深入，人们可以设计出更为高效与可靠的调制与解调方式。另外，依托越来越先进的芯片技术，射频信号处理的能力和精度也在不断增强，原来不可想象的更为复杂的调制与解调方式在不断被实现。

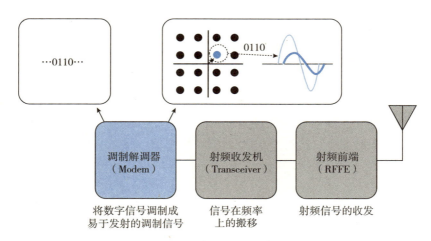

图 2-5　调制解调器的位置与功能

射频收发机：频率搬移师

射频收发机（Transceiver）是用来实现信号转换的单元。Transceiver 由 Transmitter（发射机）和 Receiver（接收机）两个单词构成，可以实现低频的基带信号与高频的射频信号之间的转换（见图 2-6）。射频收发机中最为基本的单元是用来搬移频率所用的稳定的振荡信号源，以及用来实现搬移的混频器。

振荡信号源一般称为本地振荡器（Local Oscillator，LO），本地振荡器的核心功能是产生稳定的参考频率，用于与载波信号进行混频，从而实现信号的上变频与下变频。本地振荡器的核心器件是压控振荡器（Voltage Control Oscillator，VCO），压控振荡器是一个振荡频率随控制电压变化的频率源，当控制电压变化时，就可以实现不同频率的输出。不过，单个压控振荡器频率稳定性差、相位噪声大、温度漂移大，于是锁相环（Phase Locked Loop，PLL）被设计出来，锁相环使用一系列的环路控制，将压控振荡器的振荡频率精准地锁定在某个期望频率上，并且可以实现对相位噪声的控制。

有了稳定的频率源，就可以将信号在频率上进行搬移了。搬移频率使用的是混频器（Mixer），混频器是一种可以将两个不同频率的信号组合，从而产生一个新的频率信号的器件。新信号的频率等于原来两个频率之和或之差，利用这个过程，就实现了信号的频率搬移。一个简单的非线性器件就是一个混频器，不过简单混频器在灵敏度、动态范围、镜像干扰等方面都有问题，于是，后期还有其他衍生架构被发明出来，如双平衡架构、超外差结构、零中频架构、低中频架构、镜像抑制架构。

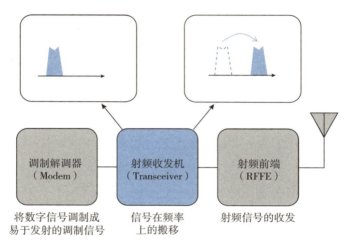

图 2-6　射频收发机的位置与功能

混频器是射频收发机的核心单元，它直接影响了射频收发机的核心性能指标，如灵敏度、动态范围、镜像抑制，甚至相位噪声等。不同的混频器架构也有不同的成本、复杂度及功耗，在实际使用中，需要结合使用情况，选择最为合适的混频器架构。

除了本地振荡器和混频器，收发机还需要一些辅助电路来完成最优工作，如需要一些合理的放大器和衰减器来进行信号幅度范围的合理调节，需要滤波器来对干扰信号进行过滤和衰减。以上电路模块一起，构成了整个射频收发机的设计（射频收发机的内部架构如图2-7所示）。

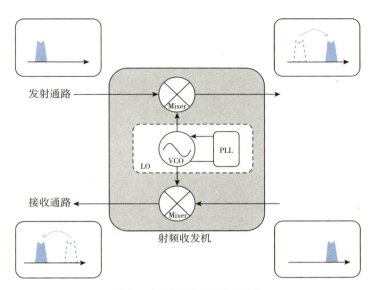

图 2-7 射频收发机的内部架构

射频前端：收发通路的管理

射频前端（Radio Frequency Front-end，RFFE）是射频系统中的重要器件，其功能是完成射频信号的接收与发射。和射频收发机关注点是在收发之中频率的搬移不同，射频前端关注的是射频信号的发射与接收情况。它负责将发射的射频信号放大到足够大的能量值，使天线有足够的能量发射出去；又负责将接收到的微小信号小心地放大，让射频收发机可以方便地变频、解调。射频前端位于射频收发机和天线之间，因为位于整个系统的最前端，所以被称为射频前端。

为了满足射频信号高性能需求，射频前端里有"四大金刚"，分别是功率放大器、低噪声放大器、开关、滤波器（见图 2-8）。

功率放大器（Power Amplifier，PA）一般用于射频发射通路，用于增大发射射频信号功率。由于射频在传输过程中必定会存在链路衰减，因此需要发射端的射频信号功率足够大，才能传输足够远的距离。功率放大器通过将吸收到的直流电源能量转化为射频大功率信号输出，给终端提供了足以应

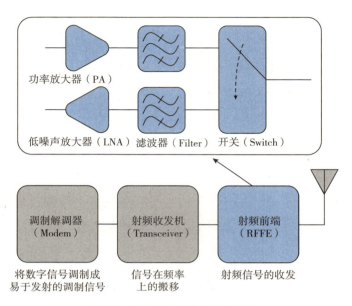

图 2-8　射频前端中的"四大金刚"

对链路衰减的射频能量。

滤波器（Filter）对特定频率以外的频率进行滤除。滤波器在射频系统中有着重要的作用，它可以去除信号中的噪声和干扰，使射频信号更加清晰稳定。两个不同频率的滤波器还可以构成双工器，将不同频率的信号分离开，使每个信号都能在自己的频段内正常工作。

低噪声放大器（Low Noise Amplifier，LNA）的作用是将接收到的微弱射频信号进行放大，同时尽量减少自身引入的噪声，从而尽可能地保证射频信号的信噪比。低噪声放大器一般位于射频系统中尽量靠前的部分，它可以弥补空间传输中的损耗，将射频信号的功率放大到足以驱动后续电路的水平，避免信号被淹没在噪声中。

开关（Switch）的作用是实现射频信号的切换与路径选择。在射频系统中，信号需要在不同路径之间进行切换，或者需要将多路信号合并成一路信号，这时就需要用到射频开关。射频开关由控制信号进行控制，实现了射频信号的路径转换功能。

射频系统方案：乐高积木的搭建

在实际终端系统中，调制解调器、射频收发机一般由一颗芯片构成，这颗芯片在设计时就考虑了射频系统复杂的特征，一般采用CMOS大规模集成电路的方式，在单颗芯片中实现复杂功能。这颗芯片可以实现不同的射频系统方案需求，并不需要做过多的系统设计。

射频前端则不同。不同的应用场景支持的频段、功率、带宽不同，并且对射频前端的增益、噪声系统、抗干扰能力要求不同，另外，在有些场景下，射频前端不同通路之间有可能还需要完成配合工作。这些不同场景的需求决定了射频前端的差别很大，需要根据需求做出适配和设计，这就增加了射频前端设计的复杂程度（见图2-9）。

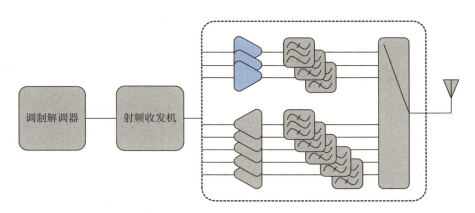

图2-9 复杂的射频前端设计方案示意

在目前手机等终端设计中，射频系统方案一般专指射频前端方案。

射频前端虽然只由PA、LNA、开关、滤波器4个模块构成，但不同模块之间相互连接且相互影响。如果将射频系统当成一个整体来理解，其中的细节和前后之间的处理会让人感到混乱与困难。另外，在射频系统从2G发展到5G的过程中，射频前端也变得越来越复杂（见图2-10），射频系统已经无法被一目了然地观察和理解。

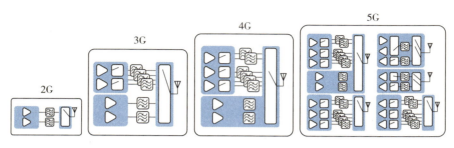

图 2-10　从 2G 到 5G 的射频前端示意

在对射频系统的理解上，可以采用分层的方式进行。按照实现的功能不同，将复杂的射频系统拆分为不同的层级，以此来对射频系统整体架构和功能，以及各层级之间的关系和作用进行清晰的把握。

在层级划分中，本书推荐以以下 5 个层级进行划分。

第一层：天线层

天线的功能是将射频信号辐射到空中，或者将空中的信号接收下来。之所以把天线作为第一层，是因为在手机终端设计中，天线往往是受到手机外形设计限制的，是手机在进行整体设计时就确定下来的射频相关器件。另外，手机的通信能力定义，如频段数，信号 MIMO（多入多出）数目，载波聚合（CA），4G、5G 双连接（EN-DC），多卡共存等，也与天线设计直接相关。

在手机设计中，如果每个频段都需要一个天线设计，则可能需要近 20 根天线。手机空间有限制，这个天线数目在手机中是很难实现的。于是，就需要用到天线共用器，将可以合路的天线合并起来。

第二层：天线合路层

天线合路层的功能是完成天线的合并。天线合并之后，可以实现天线数目的减少，方便进行手机整体设计。天线合并不可以无限制地进行，其考虑的原则主要有：

- 合并的频率在天线可覆盖的范围内。

- 合并带来的隔离度满足系统要求。
- 整体的插入损耗满足系统要求。

天线合并主要通过天线共用器来实现，天线共用器也被叫作双讯器，其英文为Diplexer，是一种将不同频率的信号合成后，再送入天线的装置。在实现上，天线共用器通过高通与低通两个滤波器来实现。

除了用于2个频率合成的天线共用器，还有用于3个频率合成的三讯（Triplexer），以及用于多个频率合成的多讯器（Multiplexer）。天线合并完成之后，就可以结合手机外观进行天线的排布放置（见图2-11）。

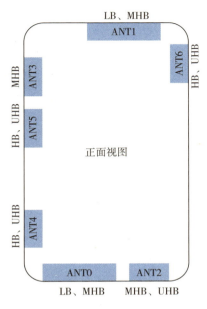

图2-11　典型的手机天线放置位置

第三层：天线切换层

在经过第二层的天线合并后，天线基本上可以固化下来了。但固化下来的天线功能并不是一成不变的，一些场景需要多天线之间有相互切换的特性。这些场景包括智能天线切换、天线信号轮发、天线的临时占用等。

智能天线切换是指发射天线可以进行主、副天线的切换，当一根天线信号不好时，手机信号就可以切换到另外一根天线进行发射。手机因为握持、放置的原因，其信号很容易受到影响，智能天线切换可以大大保证发射信号的可靠性。

以上这些功能都需要信号在不同天线间切换。一般采用射频开关来实现天线所连接信号的切换，最常见的是DPDT（双刀双掷）开关。DPDT开关可以实现两路信号的切换，其常见的两种状态及其在系统中的位置如图2-12所示。

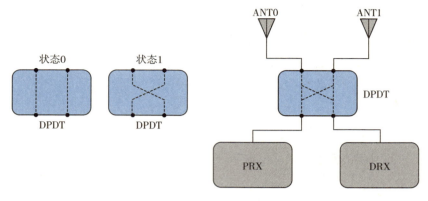

图 2-12 DPDT 开关示意

利用多个 DPDT 开关或 NPNT 开关，就可以构建天线切换网络，使射频信号在多个天线间切换。

第四层：频段开关层

进入 5G 时代之后，手机支持的频段数目急剧增加，根据统计，2019 年，高端手机支持频段数目超过了 30 个，2G 之初，这个数目只有 2~4 个。如此多的射频频段无法直接连接进入天线，也无法进入天线切换网络进行切换。这个时候就需要将射频通路先进行一次合并，再接入天线选择开关、天线共用器或直连天线中。

通路合并的功能一般通过天线开关模组（Antenna Switch Module，ASM）实现。在功能上，ASM 一般为单刀多掷开关，具体的掷数和分组根据系统方案确定。在连接上，单刀多掷开关的多端口侧连接各频段的发射及接收通路，另一端口侧连接后续的天线（见图 2-13）。

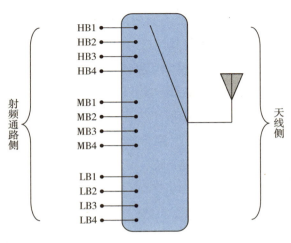

图 2-13 典型天线开关方案

第五层：子路径实现层

到了这一层，5G 手机射频系统才拆解到了我们教科书上学到的射频前端子模块，也就是前面提到的射频前端"四大金刚"：PA、LNA、滤波器及开关。子路径实现层利用这些子模块，将每个频段的射频通路搭建起来。

在通路实现上，根据双工方式的不同，可以分为频分双工（Frequency Division Duplexing，FDD）结构和时分双工（Time Division Duplexing，TDD）结构。FDD 与 TDD 系统在实现的结构如图 2-14 所示。

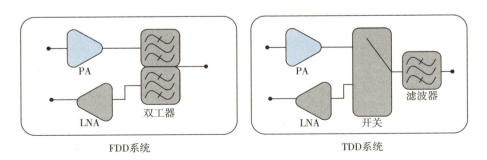

图 2-14 FDD 系统与 TDD 系统的构成

在子路径上，可以采用分立方案或模组方案进行实现。分立方案是指PA、滤波器、LNA等各采用不同的芯片进行实现，再在手机板上组合成完整方案。模组方案是指芯片厂商利用集成化设计整合能力，将PA、LNA、滤波器及开关等子模块采用系统化封装（System in Package，SiP）的形式整合在一起，达到节省布板面积、优化射频性能的目的。有关两种方案实现的详细信息，将在后续射频芯片章节进行讨论。

为了实现更复杂的射频通信系统，推进射频方案的进步，现代射频系统对每个子模块进行了充分的解构和定义。在射频系统方案方面，可以根据不同的需求，将"四大金刚"搭建成完整的方案。

在搭建过程中，需要考虑系统需求，按层级逐步分解，找到最合适的模块进行设计。在分析复杂射频系统时也是如此，现代射频系统通常较为复杂，难以一眼看出系统功能或潜在问题，需要抽丝剥茧进行分析，将大系统分解到小模块，才能更好地理解。

第三篇
射频芯片

虽然射频技术和芯片技术是两种不同的技术，但现代集成电路的发展却使两种技术走得越来越近。在现代射频通信设备中，几乎都需要用到芯片技术。

射频芯片让射频通信设备变得更小、运行速度更快、信息传输能力更强大，也让射频应用变得更广、更多、更创新。可以说，想要了解现代射频技术，就必须对射频芯片技术有所了解。在本篇中，我们将走进射频芯片的精彩世界，感受射频芯片技术的奇妙与魅力。

沙子是怎么变成芯片的

说起芯片，大家都不陌生。这个黑黑的小方块遍布在我们生活的各个角落。可是说到芯片是怎么"变"出来的，可能大家了解得就不那么清楚了。大多数芯片的主要材料是硅，硅是最重要的半导体材料，可以通过一定工艺实现导电与不导电的控制。硅也是地球上最丰富的元素之一，它存在于沙子、岩石中。可以说芯片就是由沙子"变"出来的，制作芯片的工艺，就是实现"点沙成金"的过程。

在实现这个的过程里，有五大工艺步骤。具体如下。

晶圆制备："画布"始开

芯片制备工艺的第一步，就是制造晶圆。晶圆是一种很薄且非常光滑的半导体材料圆片，是集成电路的"画布"。一切后续的芯片制备工艺都是在这个"画布"上展开的。

以硅基晶圆为例，晶圆的主要制备步骤如下。

- 硅提炼及提纯。大多数晶圆是由从沙子中提取的硅制成的。将沙石原料放入电弧熔炉中，还原成冶金级硅，再使其与氯化氢反应，生成硅烷，经过蒸馏和化学还原工艺，得到高纯度的多晶硅。

- 单晶硅生长。将高纯度的多晶硅放在石英坩埚中，并用外面围绕着的石墨加热器不断加热，使多晶硅熔化。然后把一颗籽晶浸入其中，拉制棒带着籽晶反方向旋转，同时慢慢地、垂直地向上拉出。这样就形成了圆柱状的单晶硅晶棒。

- 晶圆成型。单晶硅晶棒经过切段、滚磨、切片、倒角、抛光等工序，被制成一片片薄薄的半导体衬底，即晶圆。晶圆的尺寸在这一步骤中确定。

晶圆的尺寸一般以"英寸"为单位。在半导体行业发展初期，由于工艺能力的限制，晶圆直径只有3英寸，约75毫米。此后，随着技术进步和生产效率提高，晶圆尺寸不断增大。目前，在半导体制造中使用的晶圆最大直径为12英寸（约300毫米）。晶圆尺寸演进过程如图3-1所示。

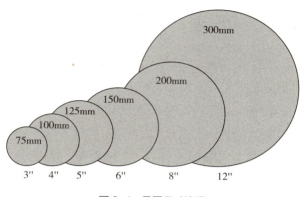

图 3-1 晶圆尺寸演进

在芯片晶圆上,有一些特殊的部分和特定的名称,如图3-2所示。

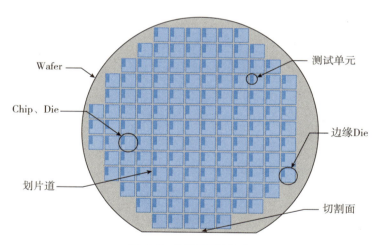

图 3-2 芯片晶圆的构成

- Wafer:指整张晶圆。
- Chip、Die:指一小片带有电路的硅片。
- 划片道(Scribe line):指Die与Die之间无功能的空隙,可以在这里安全地切割晶圆,而不会损坏到电路。
- 测试单元:一些用于表征Wafer工艺性能的测试电路单元,规律分布于Wafer各位置。

- 边缘Die（Edge Die）：Wafer边缘的一部分电路，通常因为工艺一致性或切割破坏，这部分会损失。这部分损失在大的晶圆中占比会减少。
- 切割面（Flat Zone）：被切成一个平面的晶圆的一条边，可以帮助识别晶圆方向。

晶圆制备完成后，芯片制备的"画布"就形成了。后续芯片制备工艺由此开始。

氧化工艺：制作"铠甲"

在芯片电路中，除了用于可控导电的各种二极管、三极管，还必须用绝缘物质将不同的电路隔离开来。对于硅基元素来说，得到这种绝缘物质最方便的方法就是将硅进行氧化，形成二氧化硅（SiO_2）。

SiO_2是自然界中常见的一种材料，也是玻璃的主要元素。SiO_2材料的主要特点有：具有高熔点和高沸点（分别为1713℃和2950℃）；不溶于水和部分酸，溶于氢氟酸；具有良好的绝缘性、保护性和化学稳定性。

由于以上特性，SiO_2在芯片制备的多个步骤中被反复使用。芯片制备中的氧化工艺，是在制造过程中在晶圆表面形成一层薄薄的氧化层的过程。这层氧化层可以作为绝缘层，阻止电路之间的漏电；也可以作为保护层，防止后续的离子注入和刻蚀对晶圆造成损伤（见图3-3）；还可以作为掩膜层，定义电路图案。

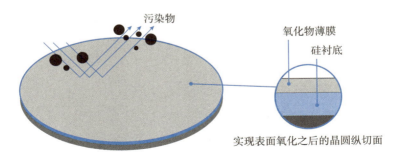

图3-3 氧化层在晶圆表面的保护作用

这些氧化层在半导体器件中也有举足轻重的作用。例如，CMOS器件中的重要结构——MOS（金属－氧化物－半导体）结构中用于金属和半导体之间绝缘的氧化物层（或称栅氧），就是采用氧化工艺制备的。另外，用于隔离不同CMOS器件的厚层氧化物场氧（Field Oxide）、SOI器件中用于隔离衬底与器件的绝缘隔离层，都是采用氧化工艺实现的。

氧化工艺的实现方法有多种，如热氧化法、电化学阳极氧化法等。最常用的是热氧化法，即在高温（800～1200℃）下，利用纯氧或水蒸气与硅反应生成氧化层。热氧化法又分为干法氧化和湿法氧化，干法氧化只使用纯氧，形成较薄、质量较好的氧化层，但生长速度较慢；湿法氧化使用纯氧和水蒸气，形成较厚、密度较低的氧化层，但生长速度较快（见图3-4）。不同类型和厚度的氧化层可以满足不同功能和要求。

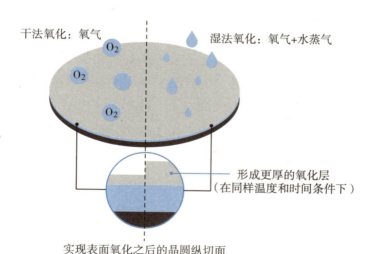

图3-4　干法氧化和湿法氧化

在芯片制备工艺中，氧化工艺非常重要，它为后续的制造步骤提供了基础和保障。氧化层不仅可以隔离和保护晶圆，还可以作为掩膜层来定义电路图案。没有氧化层，芯片就无法达到高性能、高可靠性和高集成度的标准。

SiO_2和部分氧化物有透光特性，由于这些材料的厚度不同，就会对特定波长的光线产生衍射或反射,也就使芯片表面看上去五彩斑斓。所以芯片表面的颜色并不是真正的彩色,而是这些薄膜结构对光的衍射或反射。

通过氧化工艺,脆弱的硅基晶圆穿上了一层"铠甲"。

光刻、刻蚀:图案绘制

有了"画布"素材,终于可以任由芯片设计师挥毫泼墨,自由创作了。光刻和刻蚀步骤就是将芯片设计师所设计的图案,转移到晶圆上的过程。

光刻是一种将掩模板(Mask)上的图形转移到涂有光刻胶的晶圆上的技术(见图3-5)。光刻可以将芯片表面上特定的区域去除或保留。

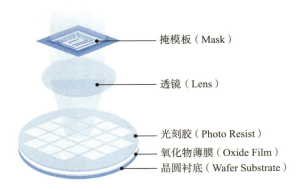

图3-5 芯片的光刻

光刻步骤如下(见图3-6)。

- 设计电路并制作掩模板。这一步一般通过计算机辅助设计(CAD)软件完成,在完成电路设计正确性检查(LVS)和设计规则检查(DRC)后,设计图形被转移到掩模板上。掩模板一般是由透明的超纯石英玻璃基片制成,在基片上,需要透光的地方保持透明,需要遮光的地方用金属遮挡。

- 涂光刻胶。涂光刻胶是为了使晶圆对光敏感。在执行这一步骤时,会在晶圆表面均匀涂抹一层对光敏感的物质——光刻胶。光刻胶在光照射后会产生化学变化，于是根据光照射与否，光刻胶也形成溶解和不可溶解的部分。

• 曝光。将光源发出的光线经过掩模板照射到晶圆上时，掩模板上的图形也就被转移到了晶圆上。根据掩模板上图形的不同，光刻胶会溶解形成对应图形。

• 显影与坚膜。用化学显影液溶解掉光刻胶中可溶解的区域，使可见的图形出现在晶圆上。显影后再进行高温烘焙，使剩余的光刻胶变硬并提高黏附力。

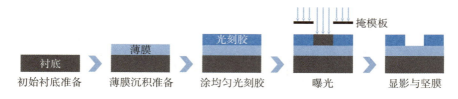

图 3-6　光刻的主要过程

光刻之所以得名，就是因为它利用光线，把带有图案的掩模板上的图形转移到晶圆上。在芯片制备中，要尽可能地缩小电路尺寸，所以对光刻的精度要求也越来越高。高精度的光刻机是光刻步骤的基础，这就是为什么"光刻"成为备受关注的工艺步骤。

为了支持更高精度的光刻，也有先进的光刻机被制造出来。目前最先进的光刻机技术是极紫外（Extreme Ultra-violet，EUV）光刻技术，它使用波长为13.5纳米的极紫外线作为光源进行电路光刻，可以制造出7纳米及以下工艺节点的芯片。ASML是EUV光刻机的领导厂商，其最新型号的光刻机号称可实现0.3纳米的精度。

光刻是芯片制备中最昂贵的工艺，在先进工艺中，光刻的成本可以占整个芯片加工成本的1/3，甚至更多。

经过光刻之后，所需要的图案已经被印在了晶圆表面的光刻胶上。但要实现芯片的制作，还需要把芯片按照光刻胶的图形复刻出来。这个复刻的过程就叫刻蚀（Etching）。

刻蚀方法分为两类，分别是湿法刻蚀和干法刻蚀（见图3-7）。

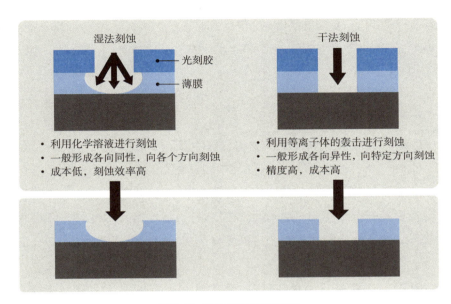

图 3-7　湿法刻蚀和干法刻蚀

湿法刻蚀是将晶圆浸入含有特定化学剂的溶液中，利用化学反应来溶解掉未被光刻胶保护的半导体结构的方法。由于溶液不能被很好地控制方向，因此可能会导致刻蚀不均匀，造成刻蚀不足或过度；另外，由于溶液会残留在晶圆上，因此需要额外的清洗步骤来去除污染物。

干法刻蚀是用等离子体或离子束等来对晶圆进行轰击，去除未被保护的半导体结构的方法。相较于湿法刻蚀，干法刻蚀精度高、选择性和方向性好，并且不会产生残留物，适用于制造高集成度的芯片。干法刻蚀也有缺点，如成本高、设备复杂、处理时间长。

在芯片制备过程中，会根据不同的目标和需求，灵活选择最适合的工艺。甚至在同一个器件制作的不同步骤中，会混合使用湿法刻蚀和干法刻蚀。

通过光刻及刻蚀步骤，就可以将设计的图形真正显现在晶圆上。需要说明的是，光刻或刻蚀步骤一次只能实现一层半导体结构，由于半导体器件是多层器件，通常需要迭代多次才能将半导体器件完整刻蚀出来；并且随着工艺复杂度的不同，需要的层数也不同。例如，在0.18微米的CMOS工艺中，需要的光罩层数约为20层，而对于7纳米左右的CMOS工艺来说，则需要55~60层。

掺杂工艺：注入灵魂

如果说以上工艺步骤是任何微机械器件都必须考虑的工艺的话，那么掺杂（Doping）工艺就是芯片制备工艺中的灵魂了。

说掺杂工艺是芯片制备工艺中的灵魂，是因为电路中各半导体器件的电学性能在此步骤形成。在此步骤之前，整片晶圆不过是一片冷冰冰的材料，经过此步骤，才有了各种各样的二极管、三极管、CMOS及电阻等。

掺杂工艺是指在半导体材料中引入少量的杂质原子，以改变其电学性质的方法。掺杂工艺可以改变半导体的导电类型，形成PN结，制造半导体器件等。掺杂工艺如此重要，是因为它可以改变半导体的电导率、载流子类型和浓度、能带结构等电学性质，从而实现不同的功能和性能。半导体的导电性能可控，就是通过掺杂工艺来实现的。

有了掺杂工艺，就可以制造出PN结、双极型晶体管、场效应晶体管等基本的半导体器件，也可以用来调节MOS晶体管的阈值电压、改善接触电阻、增强辐射耐受性等。掺杂工艺是芯片制备工艺中最核心和最基础的技术之一，对于半导体器件的设计和制造具有决定性的影响。

芯片制备工艺中实现掺杂的主要方法有两种，即热扩散和离子注入（见图3-8）。热扩散是在高温下（约1000℃）将半导体暴露在一定掺杂元素的气态下，利用化学反应和热运动使杂质原子扩散到半导体表层的过程。离子注入是将杂质原子电离成离子，用高能量的电场加速，然后直接轰击半导体表面，使杂质原子"挤"进晶体内部的过程。

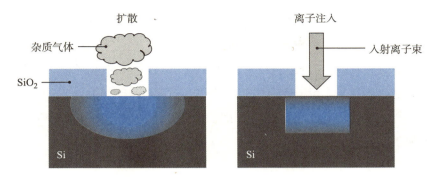

图 3-8　两种掺杂工艺对比

经历了掺杂工艺,从沙子而来的晶圆终于有了灵魂。

薄膜沉积:阡陌交通

薄膜工艺是指在半导体晶圆上沉积各种材料,以实现不同电路功能或特性的过程。和前面几个工艺步骤按工艺过程来命名不同,这一步骤是按材料的"状态"来命名的。这个命名甚至让人看起来有些费解,从图 3-9 来看,半导体器件看上去都是一个个厚厚的器件,哪来的薄膜?

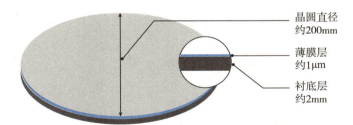

图 3-9　半导体器件中大部分结构在 1 微米左右厚度的薄膜中实现

其实为了理解方便,半导体器件结构在图示时经过了抽象和非等比例的放大,实际中半导体器件是在晶圆上非常薄的一层内实现的,通常厚度在 1 微米以内。对于一个 8 英寸(200 毫米)的晶圆来说,1 微米厚度的薄膜的制作,相当于在 200 米直径的操场上,均匀地堆积 1 毫米厚的沙子。

正是因为这层结构非常薄,于是被称作薄膜工艺。这么薄的膜层不能通过机械方式来制造,于是,掺杂沉积(Deposition)工艺被发明出来。

在芯片制备工艺里,沉积是指在原子或分子水平上,将材料沉积在晶圆表面做成一个薄层的过程。沉积工艺就像是喷涂刷,将涂料均匀地薄薄喷洒在晶圆表面。

根据实现方法的不同,沉积主要分为物理气相沉积(PVD)和化学气相沉积(CVD),如图3-10所示。PVD是利用物理方法,将材料源气化成气态原子、分子,或者电离成离子,并通过低压气体,在基体表现沉积成薄膜的过程,一般用来沉积金属薄膜。CVD是利用含有薄膜元素的一种或几种气相化合物,在衬底表面进行化学反应形成薄膜的方法,一般用于沉积半导体或绝缘体及金属合金等。为了增强化学反应,CVD也可以与其他方法相结合,如等离子增强CVD(Plasma Enhanced CVD,PECVD)就是利用等离子体来激活化学反应,改善CVD的方法。根据不同目标和需求,PVD和CVD在实际工艺流程中也可以自由选择。

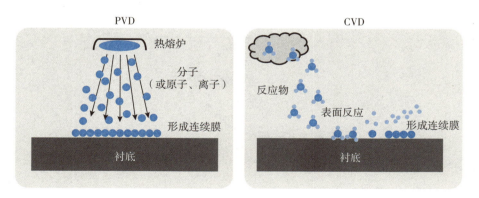

图 3-10　PVD 与 CVD

沉积完成材料的喷涂之后,还需要用抛光工艺来找平。必须对喷涂后的材料找平的原因是随着半导体技术的进步,对各薄膜层精度的要求也越来越高,于是,需要对晶圆表面进行平坦化,消除不同材料层之间的起伏和缺陷，提高光刻的精度和质量。抛光（Polishing）就是用于晶圆表面薄膜层平整化的技术。在抛光工艺中，最主要的工艺是化学机械抛光（Chemical Mechanical Polishing，CMP），CMP是一种利用化学腐蚀和机械摩擦来实现晶圆表面平坦化的技术，研磨对象主要是浅沟槽隔离（STI）、层间膜和铜互连层等（见图3-11）。

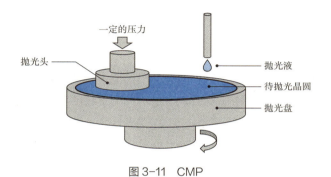

图 3-11　CMP

以上就是芯片制备的主要工艺，以上工艺以硅基半导体为主要参考，其他工艺（如GaAs、SiGe等化合物半导体）会略有不同，但基本思路一致。在具体半导体工艺实现上，通过将以上关键工艺有机整合，形成一个完整的工艺流程（见图3-12），就可以完成半导体工艺的开发。

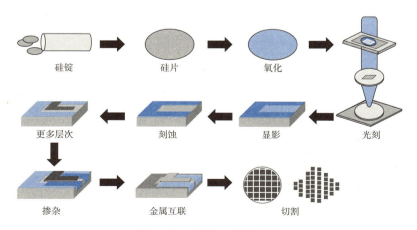

图 3-12　半导体工艺流程整合

虽然看起来半导体工艺步骤并不是太复杂，但在实际工艺中，需要考虑各个工艺步骤之间的影响和优化，需要确保各工艺步骤的稳定性和一致性，需要达到最佳的器件特性、产量和成本，这就使半导体工艺整合变得非常重要。半导体工艺整合是推动半导体行业发展和创新的关键因素，也成为半导体器件代工厂的核心竞争力之一。

射频芯片中的半导体

在对半导体工艺有了初步了解之后，我们进一步了解射频芯片中的半导体器件。芯片之所以是芯片，就是因为应用了半导体技术；芯片系统与板级系统最大的区别，也是因为芯片系统使用了半导体器件。半导体器件是芯片公司的根基所在。此外，我们还会涉及"半导体物理"，不过即使对于芯片公司或芯片工程师来说，"半导体物理"都是一个让人望而生畏的词。由于半导体物理太过晦涩难懂，甚至集成电路设计类专业都不再教授此课程；对于半导体专业的人来说，学校里的"半导体物理""半导体器件"课程也常常成为他们学生时代的心理阴影，以至于工作之后再也不想谈及。

虽然射频人不需要像芯片工程师那样对半导体物理有透彻的理解，但了解基本的半导体器件知识还是非常有必要的。本部分内容将对射频中常见的半导体器件做一个盘点，介绍射频芯片中常见的半导体。

半导体简介

在半导体被发现之前，人们认为世界上的材料根据导电性分类只可以被分为导电和不导电（绝缘）两种。按分类方法中的"相互独立、完全穷尽"原则看，这是对世界上材料非常完美的分类方法，那为什么还会出现半导体这一分类呢？

一些文献中将半导体定义为导电性能介于导体和绝缘体之间的材料，准确来讲，半导体材料并不是导电的性能处于二者之中，而是导电特性可以在二者之间可控切换。这种导电特性可以在导体与绝缘体之间可控切换的材料，被称为半导体材料。

半导体现象的首次被发现要追溯到近200年前的1833年，电子之父法拉第发现硫化银的电阻随温度变化的特性不同于一般金属。温度使硫化银材料导电性可控得以实现，这是人类首次观察到的半导体现象。

在1833—1945年这100多年的时间里，物理学家对这一现象进行了深入研究。20世纪初的物理学革命为半导体科技奠定了坚实的理论基础，而材料生长技术为半导体科技奠定了现实中的物质基础。

半导体导电可控特性的实现是通过掺杂（Doping）来实现的。

以硅原子为例，每个硅原子最外层有4个电子，在本征硅材料中，每个硅原子与周围的4个硅原子形成共价结合的稳定结构，从而没有可自由流动的自由载流子，不能形成电流。

这时，如果对本征硅材料进行掺杂，加入最外层有5个电子的磷元素，这时除形成4个共价键之外，还会多出一个自由移动的电子，这个电子就是一个自由载流子，当加上电压之后，掺杂材料就可以导电。自由移动的电子是半导体材料中的第一种载流子。

同理，如果掺杂材料为最外层只有3个电子的硼元素，这时会出现一个电子的空缺，电子在不断填满这个空缺的过程中，也可以使材料导电。由于电子不断填充这个空缺的过程不易描述，人们就发明了一个新的表征空缺的方式，即定义一种新的载流子来表示这个空缺，这种新的载流子就是半导体中的第二种自由载流子：空穴。半导体的掺杂工艺实现了对半导体内自由载流子的控制（见图3-13）。

利用半导体的掺杂特性，就可以设计出简单的半导体器件：PN结。PN结英文名称是PN Junction，因为有正负两个端口，所以又称为PN结二极管。PN结是在同一衬底上同时进行P型和N型掺杂，并使之交界，这样在二者交界处就形成耗尽区（也叫空间电荷区），从而形成PN结（见图3-14）。

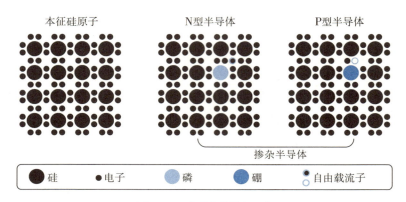

图 3-13　半导体的掺杂工艺

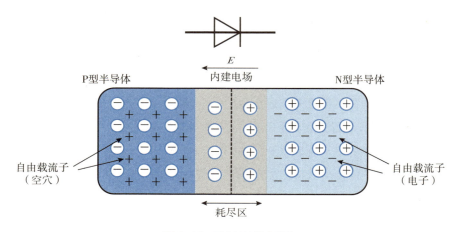

图 3-14　PN 结的基本结构

PN 结的一个重要特性就是单向导电特性。当 P 型半导体侧加入正电压时，P 型半导体中的空穴在外加电场作用下向右侧移动。当外加电场大于 PN 结的内建电场时，空穴就会跨越耗尽区，从而进入 N 型半导体区，之后在电场作用下进入电源负极，形成电流。当 N 型半导体侧加入正电压时，N 型半导体中的电子向右侧移动，拉大内建电场宽度，使自由载流子更难跨越耗尽区，无法形成电流（见图 3-15）。

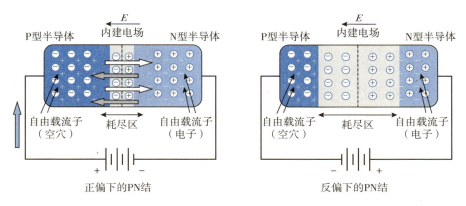

图 3-15 正偏及反偏下的 PN 结

在掌握了半导体物理的基本原理之后,人类就开始用半导体材料设计制造一些特殊器件。例如,利用半导体导电性能与温度之间的关系,可以设计出热敏电阻,来感知温度变化;利用有些半导体导电性能与光照之间的关系,可以设计出光敏电阻,来感知光的变化;利用有些半导体的光电转换特性,可以实现电能和光能的相互转化,设计出发光器件,或者设计出光伏发电器件。

改变世界的晶体管

虽然利用半导体导电性能可控这一特性,可以在很多领域设计出具有重要应用的器件,但是这个时期的半导体还是很难和之后改变世界的集成电路联系起来。真正建立起半导体与集成电路之间联系的,是1945年被发明的晶体管。早在1899年,人类就实现了无线电信号跨英吉利海峡的突破。但在晶体管被发明之前,电子电路系统一般由真空电子管设计。真空电子管体积大、功耗大、发热厉害、寿命短,并且需要高压电源,所以使用真空电子管设计的电路一般只用在政府、军事部门中。真空电子管的局限性极大地限制了电子电路系统的大规模应用。

为了克服真空电子管的局限性,第二次世界大战后,贝尔实验室加紧研究,探讨用半导体材料制作放大器件的可能性。1945年秋天,贝尔实验室成立了以肖克莱为首的半导体研究小组,成员有布拉顿、巴丁等。他们发现,在锗片的底面接上电极，在另一面插上细针并通上电流，然后让另一根细针靠近并接触它，并通上微弱的电流，这样就会使原来的电流产生很大的变化。

微弱电流少量的变化会对另外的电流产生很大的影响，这就是放大作用。利用这种特性，半导体器件也就可以被用于制作放大器。在为这种器件命名时，布拉顿想到了它的电阻变换特性，于是取名为Trans-resistor（转换电阻），后来缩写为Transistor，中文译名就是晶体管。1956年，肖克莱、巴丁、布拉顿3人，因发明半导体晶体管同时荣获诺贝尔物理学奖。

在直观理解上，可以将晶体管理解成一个水龙头（见图3-16）：

- 晶体管一共有3个极，对于FET器件，一般称为源极（S）、漏极（D）、栅极（G），对应水龙头的进水口、出水口、龙头把手。
- 晶体管源极（Source）流入电子，对应水龙头进水中流入水源。
- 栅极（Gate）是晶体管的核心，控制电流的大小，对应龙头把手是水龙头的核心，决定水流的强弱。

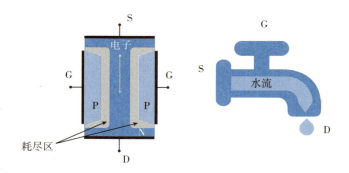

图3-16　典型的晶体管构造及与水龙头的等效

基于以上原理，晶体管就可以实现信号的放大，即在栅极加一个微小信号，只要能控制住晶体管漏极到源极这个通道的通断，就可以控制漏极和源极之间电流的大小。

晶体管还可以实现数字电路里"0""1"基本信号的表征。例如，可以定义"水龙头"打开状态为"1"，关闭状态为"0"。成千上万个"水龙头"放在一起，就可以进行数字逻辑运算。

晶体管是集成电路领域中最为重要的基本器件，没有之一。有了这个基本器件，才有了现在改变世界的集成电路。我们经常看到的FET、HBT、pHEMT等器件名称中的最后一个字母"T"，均是"Transistor"的缩写。

在半导体器件里，晶体管也有多种变形，材料也多种多样，一些缩写也让人眼花缭乱。不过万变不离其宗，只要找到晶体管中"水龙头"的"进水口"和"出水口"，理解清楚"龙头把手"的工作原理，就可以将这种类型的晶体管分析清楚。

在半导体晶体管近100年的发展过程中，先驱科学家和工程师不断尝试各种器件结构与器件材料，来满足不同领域集成电路特性的需求。半导体本来就抽象、难以捉摸，纷杂的名称和简称也使得它更加高深莫测，给非半导体专业出身的电子行业从业者带来不少困扰。晶体管的分类主要从两个方面进行理解，分别为器件结构和器件材料。以下为常见的结构和材料类型。

晶体管的材料和结构互为独立，理论上可自由组合。例如，可以设计硅基BJT器件，也可以设计砷化镓基BJT器件。对一个器件的准确描述，应该将材料与器件种类同时说明，如对于5G手机射频PA中使用的HBT器件，准确名称应该是GaAs HBT器件。不过，由于大家在平时工作中的约定俗成，叫法经常加以简化。例如，在手机射频领域，大家一般用HBT或GaAs来简称GaAs HBT器件；在电源控制领域，大家用SiC来简称SiC MOSFET器件，用GaN来简称GaN FET器件。这类简称在某个细分行业领域是有效的，但在跨出本行业交流时可能会引起误解，必要时需要加以注意。

以结构分类的半导体

从结构上区分，半导体器件主要分为BJT器件和FET器件两种类型。BJT的全称是Bipolar Junction Transistor，中文名称为双极型晶体管。FET的全称是Field Effect Transistor，中文名称为场效应晶体管。二者都可以实现晶体管的放大特性。

BJT 器件由两个背靠背的 PN 结构成（见图 3-17）。由于用于电流传输的 PN 结包含电子与空穴两种载流子，所以 BJT 器件使用"Bipolar"（双向、双极）一词命名。虽然 BJT 器件由两个 PN 结构成，但不是任意两个背靠背的 PN 结二极管都可以构成 BJT 器件。BJT 器件对于各区的掺杂浓度及厚度有着精确的要求。BJT 器件中发射极需要重掺杂，基极需要较重掺杂，并且宽度极薄，以使大量的电子与空穴可以穿越。

在集成电路制备中，BJT 器件先通过在 N 型外延中进行 P 型扩散，形成基极；再进行 N 型扩散，形成发射极，从而实现紧邻的两个 PN 结。从图 3-18 中可以看到，在 BJT 器件中，电流在垂直方向上流动，所以集成电路中的 BJT 器件是垂直器件（见图 3-18）。

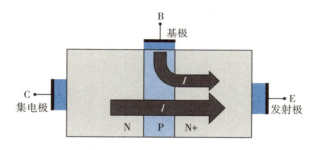

图 3-17　BJT 器件的基本结构

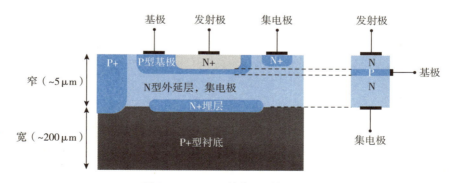

图 3-18　BJT 器件截面和简化模型

射频中常见的BJT器件是HBT器件，HBT的全称是Hetero Junction Bipolar Transistor，中文名称为异质结双极型晶体管。HBT器件是一种特殊的BJT器件。HBT器件对普通BJT器件的改进是在发射极和基极之间采用不同的半导体材料，形成异质PN结，来抵挡住基极载流子向发射极的注入，这样就可以使发射极中更多的载流子流入集电区，从而增大集电极到发射极之间的电流。外围观察到的现象是基极的电流变小了，集电极的电流变大了，基极电流对集电极电流有了更强的控制能力。常见的HBT器件有GaAs HBT器件、SiGe HBT器件。图3-19为典型的GaAs HBT器件截面图。

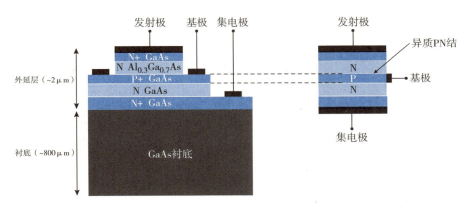

图3-19　GaAs HBT器件截面和简化模型

AlGaAs/GaAs是研究最广泛、应用最广泛的异质结系统。5G射频PA中所使用的GaAs HBT器件，就是此种类型的异质结HBT器件。在AlGaAs/GaAs异质结HBT器件中，基极P+ GaAs层与发射极N+ GaAs层中间，注入了N型$Al_{0.3}Ga_{0.7}As$发射区薄膜，从而形成了基极与发射极之间的异质PN结。

外延层是HBT器件的关键材料。外延（Epitaxy，Epi）是指在单晶衬底上生长一层新单晶的过程，由于是在衬底上延伸生长的，所以被称为"外延"。外延层一般只有几微米厚，外延出来的新单晶可以和衬底是同一种材料,也可以是不同材料。

在HBT器件的结构中,可以看到HBT器件截面由外延层、衬底两部分构成。在集成电路中,晶圆制备包含衬底制备和外延工艺两大环节。衬底(Substrate)是由半导体单晶材料制造的晶圆原片,衬底可以直接进入晶圆制造环节生产半导体器件,也可以进入外延工艺,生长完外延层后,再进行半导体器件制造。

外延工艺解决了器件只能使用一种衬底材料的问题,使器件不同区域使用不同材料成为可能,极大地增加了器件设计的灵活性。对于HBT器件,由于需要设计AlGaAs、GaAs的异质PN结,所以需要使用外延工艺将不同材料及掺杂的半导体材料层设计出来。

通过不同的外延层设计,还可以对HBT器件的特性进行调整。HBT器件的性能依赖器件中发射极、基极和集电极的厚度及掺杂浓度曲线,这些数据都是在外延层的设计中进行调整的。

在HBT器件生产产业链运行中,一般由衬底厂商生产出GaAs衬底,再交由外延厂商生长外延层,最后交由代工厂生产出HBT器件(见图3-20)。由于外延层材料中半导体器件的材料参数已确定,所以外延层的生长是HBT器件生产的关键步骤。

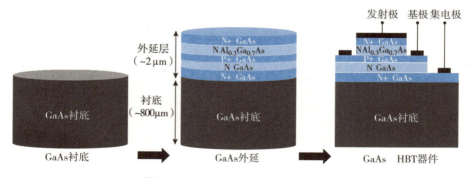

图3-20　GaAs HBT器件产业链流程

FET器件名称前面的Field Effect(场效应)指的是用电场(Electric

Field)来控制半导体内电流流动的器件。FET器件的思路非常简单直接：在一个经过掺杂的半导体材料（如N型）两边，加上另一种掺杂的半导体材料（P型），通过控制P型掺杂上的电压，就可以控制N型沟道的夹断或导通，从而达到控制电流的目的。FET器件的工作原理，更加像水龙头了。在FET器件中，由于参与导电的只有一种载流子（如N型沟道FET器件中的电子），这与BJT器件中电子与空穴均参与导电有很大的不同。所以最早的FET器件又叫单极晶体管（Unipolar Transistor），以强调这种单一载流子导电特性。

在N沟道FET器件中，有3个极，分别是提供电子的源极，流出电子的漏极及控制沟道的栅极。

相较于BJT器件复杂的PN结运行理论，FET器件的概念简单直接，"沟道"和"夹断"非常符合人们的直觉，所以FET器件的理念在BJT器件商用之前就被提出来了。1926年J. E. Lilenfeld申报的专利文件，最早提出了FET器件的理念，比1947年贝尔实验室的肖克利团队发明BJT器件还要早21年。但受当时工艺所限，FET器件只存在于前期科学家提出的概念之中。一直到1953年，得益于工艺进步，FET器件才被真正生产出来。第一个被生产出来的FET器件是JFET（Junction FET）器件。

JFET器件也利用了PN结特性（见图3-21）。JFET器件由肖克利团队于1952年首次提出并加以分析。在JFET器件中，所加的栅极电压改变了PN结耗尽层宽度，进而改变了源极、漏极之间的电导。经过多年工艺进步，JFET器件的结构也有了变化，虽然在物理外观上与最早的JFET器件有些不同，但仍然是利用电场控制栅极PN结，等效于最早的肖克利结构。

MESFET是Metal-Semiconductor FET的缩写，中文名称是金属-半导体接触场效应晶体管。MESFET器件是利用金属与半导体接触的特性开发的晶体管。JFET器件与MESFET器件的结构对比如图3-22所示。

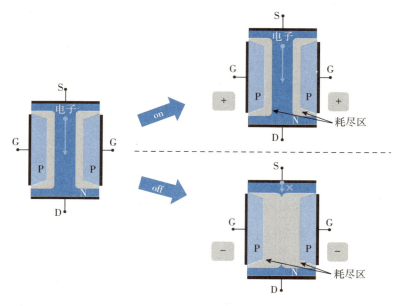

图 3-21 JFET 的构造及工作原理

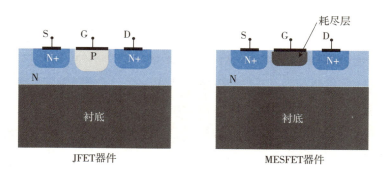

图 3-22 JFET 器件与 MESFET 器件结构对比

　　MESFET 器件的工作原理与 JFET 器件类似,唯一不同点是用于控制沟道夹断与否的不再是 PN 结,而是由金属 – 半导体接触形成的金属 – 半导体结(简称金 – 半结)。金属 – 半导体接触在半导体理论研究中是非常重要的部分,在许多半导体器件中都有广泛的应用。金属 – 半导体接触最早始于 1874 年半导体物理理论的建立时期;1938 年,肖特基(Schottky)提出了金属-半导体势垒（被称为肖特基势垒），完善了该理论体系。于是，形成肖特基势垒的金属-半导体接触又被称为肖特基接触，基于此理论开发的二极管被称为肖特基二极管。除了肖特基接触，金属与重掺杂的半导体接触还可以形成欧姆接触，这是所有半导体器件流入和流出所必需的。

商用产品中被广泛使用的MESFET器件是GaAs MESFET，得益于GaAs的电子输运特性，GaAs MESFET有良好的射频性能，是现在单片微波集成电路（MMIC）的核心。

HEMT器件是一种特殊的MESFET器件，HEMT的全称是High Electron Mobility Transistor（高电子迁移率晶体管）。HEMT器件最早由日本Fujitsu公司于1979年发明。HEMT器件的理论基础是，利用不同半导体材料异质结的特性，在接合面上聚集大量的电子，形成一种名叫"二维电子气"（2DEG）的高移动层，达到更好的器件性能。HEMT器件在高频毫米波领域、低噪声领域有着不可替代的应用。因为利用了异质结，所以HEMT器件又被称为异质结FET（Heterostructure FET，HFET）器件。

在通常情况下，异质结接触表面会存在晶格失配，这个失配会影响器件性能，也会影响更大带隙电压材料的选取。于是就有了一种改进型HEMT器件——pHEMT器件（见图3-23）。pHEMT的全称是Pseudomorphic HEMT。Pseudomorphic的意思是假的、赝配的，pHEMT器件在异质结转换时加入了薄的"赝晶层"，用于将两边的晶格拉向匹配。由于出色的射频性能，pHEMT器件在高性能射频微波领域

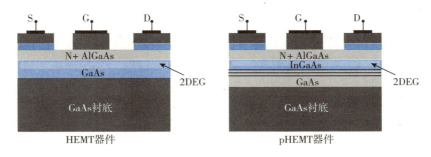

图3-23　HEMT器件与pHEMT器件结构示意

被广泛应用。尤其是 GaAs pHEMT 器件,是微波低噪声放大器、微波毫米波电路的重要半导体工艺。

与 HBT 器件相同,HEMT 器件及 pHEMT 器件的特性强烈依赖材料特性,在 HEMT、pHEMT 器件生产产业链中,同样需要外延层厂商生产出相应的材料外延,再由代工厂进行器件加工。

在 FET 结构的器件中,使用最广泛的是 MOSFET 器件,MOSFET 结构无疑是当今集成电路领域最为核心的结构。MOSFET 全称为 Metal-Oxide-Semiconductor FET(金属-氧化物-半导体 FET),MOSFET 器件是 MIS(Metal-Insulator-Semiconductor,金属-绝缘层-半导体)器件的一种特殊结构。图 3-24 为典型 MOS 结构及 MOSFET 器件结构的示意图。

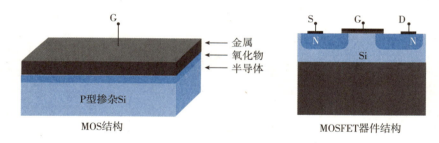

图 3-24　MOS 结构及 MOSFET 器件结构

在 MOSFET 器件之前,已经有了平面结构的 MESFET 器件与垂直结构的 BJT 器件,但这两种器件都无法适用于大规模电路的设计。垂直结构的 BJT 器件无法做到有效集成;BJT 器件的工作机理使得器件无法有效关断或打开;基极端的电流也使 BJT 器件有较大的工作电流。MESFET 器件虽然是平面器件,解决了集成的问题,但它所使用的金属-半导体结会钳位住过大栅极电压,造成栅压只能在一定范围内使用。于是,MOSFET 器件被发明了出来。

现代 MOSFET 器件于 1960 年被提出,当时,Ligenza 等提出了基于 Si-SiO$_2$ 结构的 MOSFET 器件,克服了 MESFET 器件的一系列缺点,适合大规模集成，适合尺寸等比例缩小。自此，半导体器件再也不是一个个单独的晶体管了，大规模集成电路的序幕就此拉开。基于MOSFET器件的半导体结构多种多样，主要有CMOS、SOI、Fin-FET等。

　　CMOS器件的发明，使集成电路进入了"等比例缩小"的快车道，是人类集成电路史上的一大飞跃。CMOS的全称是Complementary Metal-Oxide-Semiconductor（互补型MOS），"互补"的意思是电路中不仅有NMOS，还有PMOS（见图3-25）。由两种MOS器件结合进行设计，就可以完美完成数字集成电路中的逻辑电路设计。虽然也可以用BJT器件设计类似TTL（Transistor-Transistor Logic），但CMOS逻辑的优点在于静态功耗低。如图3-26所示，以简单反向器为例，在同一时刻，通路中的NMOS与PMOS只有一个器件导通，理论电路静态功耗为0。

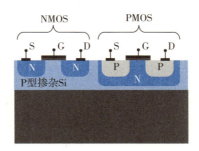

图 3-25　CMOS 器件的基本结构

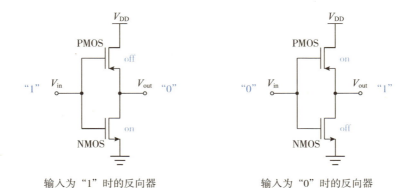

图 3-26　CMOS 反向器工作原理说明

CMOS 器件在 1963 年由仙童公司发明出来，随后被应用于存储、处理器等数字电路设计中。CMOS 器件被发明之后，人们发现这项技术与数字电路技术相得益彰、珠联璧合。数字电路需要的是小尺寸、低功耗的基本逻辑单元，而 CMOS 器件刚好可以满足这个需求。于是，人类不断改进半导体工艺，使 CMOS 器件尺寸不断缩小，以使数字电路的能力越来越强大。

1965 年，仙童公司的戈登·摩尔在 *Electronic Magazine* 上发表了一篇简短的文章，预测在 1965—1975 年，集成电路上可以容纳的晶体管数目每经过 18~24 个月便会增加一倍。换言之，处理器的性能大约每两年翻一倍，同时价格下降为之前的一半。让摩尔有信心做出这种预测，源于对 CMOS 技术的期待。不过，让摩尔没想到的是，摩尔定律的有效性绝不是在他预测的 1965—1975 年，而是支撑整个集成电路行业发展了近 60 年。在这近 60 年里，处理器上的晶体管数目从几百个增加到了几十亿个甚至几百亿个，CMOS 器件尺寸由几毫米缩小到了几纳米。高通发布的 8 系列智能手机平台芯片，采用 4 纳米工艺，集成了近 200 亿个晶体管。小小的集成电路，有了无与伦比的强大功能。

SOI 器件是一种特殊的 CMOS 器件。SOI 的全称是 Silicon on Insulator，中文名称为绝缘体上硅，是指在带有绝缘层的硅衬底上生产半导体器件的技术。SOI 技术可以降低衬底损耗对器件的影响，使器件有较好的射频特性。SOI 器件在实现高频率、高速度、低噪声、低损耗、高线性度、高隔离度射频电路时有特殊优势，并且可以复用 CMOS 器件的高集成度特性，以及 CMOS 器件进步带来的低成本特性。SOI 器件基本结构如图 3-27 所示。

Fin-FET 的中文名称是鳍式场效应晶体管，因其形状像鱼鳍而得名，这是在摩尔定律的推动下，为使器件尺寸不断缩小所发明的一种器件结构。在 Fin-FET 器件被发明之前，随着摩尔定律使器件尺寸不断缩小，原来平面结构的栅极已经没办法控制住器件的沟道，器件漏电明显。于是，加州大学伯克利分校的胡正明教授于 1999 年提出了 Fin-FET 结构，这种结构将栅极由平面结构升级成鱼鳍状的三维结构,于是形成了更好的对沟道的控制(见图3-28)。目前,TSMC、英特尔、三星等均采用Fin-FET器件进行先进的CMOS工艺的设计。

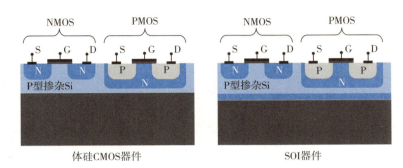

图3-27　SOI器件基本结构

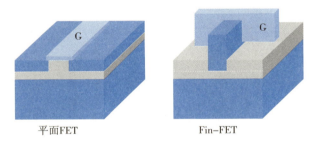

图3-28　从平面FET至Fin-FET

以材料分类的半导体

除了根据结构的不同进行分类,半导体还可以根据材料的不同来分类。半导体材料种类非常多,用于制作半导体的材料不仅有我们熟悉的硅材料,还有锗。另外,一些化合物材料,如GaAs、GaN、SiC等,也是常见的半导体材料。表3-1列出了元素周期表中II~VI族的部分元素,这些元素或这些元素的集合可以成为典型的半导体材料。

表 3-1 常见的用作半导体材料的元素

II族	III族	IV族	V族	VI族
铍 Be	硼 B	碳 C	氮 N	氧 O
镁 Mg	铝 Al	硅 Si	磷 P	硫 S
锌 Zn	镓 Ga	锗 Ge	砷 As	硒 Se
镉 Cd	铟 In	锡 Sn	锑 Sb	碲 Te
汞 Hg	铊 Tl	铅 Pb	铋 Bi	钋 Po

由以上元素构成的常见半导体材料如表3-2所示。

表 3-2 常见的半导体材料

一般元素类	IV族化合物	III-V族化合物	II-VI族化合物
Si Ge	SiC SiGe	GaAs GaN InP InAs AlSb GaSb InSb	ZnS ZnSe ZnTe CdS CdSe CdTe

需要说明的是，用于半导体的材料很多，甚至一个半导体器件中，就会有不同的半导体材料。在对一个器件命名时，一般以构成该半导体器件重要部分（如沟道）的材料对其命名。如图3-29所示的 GaN HEMT 器件，虽然该器件可以生长在 Si 或 SiC 衬底上，但是器件的沟道是由 GaN 及 GaN 和 AlGaN 的异质结构成的，所以器件称为 GaN HEMT 器件，或者 AlGaN/GaN HEMT 器件。

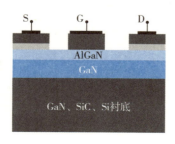

图 3-29 GaN HEMT 器件示意

材料与结构的结合

材料与器件结构结合，才可以对器件进行准确描述。完整的器件名称应为"材料+器件结构"。理论上，不同材料和器件结构之间可以任意两两结合。不过，由于材料特性和特殊需求的关系，并不是所有材料上都可以生长出任意类型的器件。在使用中，主要的材料与结构结合器件如表3-3所示。

表3-3 不同材料和结构的半导体器件

	结构	Si	SiGe	GaAs	GaN	SiC
BJT	BJT	▨	—	—	—	—
	HBT	—	▨	▨	—	—
FET	JEET	▨	—	—	—	—
	MESFET	▨	▨	▨	▨	▨
	HEMT	—	—	▨	▨	—
	pHEMT	—	—	▨	▨	—
	MOSFET	▨	▨	▨	▨	▨
	CMOS	▨	▨	—	—	—
	SOI	▨	—	—	—	—
	Fin-FET	▨	—	—	—	—

在射频前端芯片设计中，也需要用到多种半导体工艺。射频前端各模块常用的半导体工艺及工艺特点总结如表3-4所示。

表3-4 射频电路中常用的半导体

模块	选用工艺	工艺特点	应用场景
功率放大器	GaAs HBT	·功率能力强 ·价格适中	终端射频PA
	SOI	·射频性能较好 ·可做控制电路 ·价格较低	中功率线性PA（<25dBm）
	SiGe HBT	·射频性能良好 ·可做LNA，实现PA/LNA单芯片 ·价格中低	部分终端射频PA
	Si CMOS	·价格最低 ·射频性能较差	低成本PA
	GaN FET	·功率能力极强 ·需要高压供电 ·价格高	基站大功率PA
	GaAs pHEMT	·高频性能好 ·价格高	微波毫米波PA
低噪声放大器	SOI	·较低噪声系数 ·可做控制电路 ·价格较低	广泛的LNA应用
	SiGe HBT	·较低噪声系数 ·可做PA，实现LNA/PA芯片 ·价格中低	部分终端射频LNA
	GaAs pHEMT	·低噪声系统 ·可应用于微波毫米波频段 ·价格高	微波毫米波LNA
开关	SOI	·较好射频性能 ·可做控制电路 ·可用叠管设计高功率耐受开关 ·成本较低	终端射频开关
	GaAs pHEMT	·射频性能好 ·可应用于微波毫米波频段 ·单管功率能力强 ·价格高	微波毫米波开关

收发机芯片：射频中的"搬移师"

射频收发机是射频系统中的重要部分，其功能是实现基带信号与射频信号之间的转换和处理。从频率范围上看，就像是把一个频率的信号，搬移到了另外一个频率，所以它可以被看成射频中的"搬移师"。

射频收发机的历史可以追溯到19世纪末，当时人们利用电磁波进行无线电报通信。随着科技的进步，射频收发机也在不断地演变和创新。从最早的晶体管收发机，发展到后来的集成电路收发机，收发机开始采用单芯片实现。之后的收发机又发展到多频多模收发机，射频收发机的性能、功能和规模都有了巨大的提升。随着5G的到来，手机系统变得越来越复杂，对射频收发机芯片也提出了更高的要求。本部分内容将对射频收发机芯片的功能和发展历史进行探讨。

什么是射频收发机

"射频收发机"一词翻译自Radio Frequency Transceiver。Transceiver一词是发射机（Transmitter）与接收机（Receiver）的合成词，从这个词的构成上就可以看出，Transceiver的功能是完成信号的发射与接收。在射频行业应用中，为了与收发机设备整机区分，射频收发机一般被直接称为Transceiver，有时也被简写为XCVR。在一些SoC芯片厂商那里，因为芯片是一颗射频芯片，所以射频收发机也被称为RFIC。

射频收发机的主要功能是完成模拟信号到射频信号的传输，在了解射频收发机之前，首先要回答的一个问题就是：为什么要进行射频传输？射频传输是利用电磁波在空气或其他介质中传播的特性，将信息以频率范围从3kHz到300GHz的射频信号形式进行无线传输的过程。射频传输有以下几个优点：

- 射频传输可以克服有线传输的物理局限性，实现远距离、无障碍、移动和灵活的通信。
- 射频传输可以实现多用户、多场景通信，利用多种调制、复用和编码技术，提高通信效率和质量。

- 射频传输可以实现更复杂的组网，利用多种天线技术，如定向天线、智能天线、相控阵天线等，实现信号发射与接收方向的控制和优化。
- 射频传输可以实现比有线传输更强的保密性，利用加密、扩频和跳频等技术，提高通信安全性。

要实现射频传输，重要的一个步骤就是将日常的图像、声音、视频等信号，转化为射频信号。将模拟信号转换为射频信号的过程，就是实现射频收发机的主要功能的过程。

历史上重要的收发机电路

1864年麦克斯韦提出电磁波理论以来，人类一直想象着在哪里才能将这个看不见、摸不着的神奇物体用起来。1895年前后，马可尼、波波夫、特斯拉等人均意识到电磁波可以用来实现有线通信的无线化，并设计了无线电发射、接收器原型。1896年，意大利无线电工程师马可尼获得了世界上第一个无线电专利，也由此打开了无线电通信快速发展的大门。

在马可尼设计的射频转换电路中，发射机使用摩斯电码作为输入，产生间歇性电流脉冲，脉冲信号连接至高频振荡器，由此摩斯电码就可以完成对高频信号的调制，调制后的信号通过天线发射到空间中。在接收机中，马可尼使用了金属粉末检波器，通过检波，可以将无线信号转换为可以听见的声音信号，并通过耳机输出。由此，马可尼完成了人类历史上首个"Transceiver"电路。这个专利也成为马可尼获得诺贝尔物理学奖的重要依据之一。

随后，马可尼对此架构做了改进，加入了调谐电路，可以改变电路的振荡频率，更加方便了无线电信号的发射与接收（见图3-30）。马可尼使用他发明的无线电系统，分别实现了跨英吉利海峡及跨大西洋的通信。

如果说马可尼的发明只是带领人类简单领教无线电的功能的话，那么1906年，美国工程师福雷斯特发明的真空三极管真正使得全球范围内的广播、电话、通信成为可能。福雷斯特发现在真空二极管的基础上增加一个栅极可以实现对二极管电流的控制。根据这个特性,福雷斯特发明了放大器、振荡器等设备,使无线信号的放大和振荡成为可能,进而推动了无线电广播和远程电话的实现。

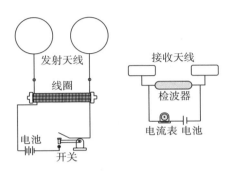

图 3-30　马可尼设计的射频收发电路

在随后的发展中,科学家与工程师对收发机做了卓有成效的改进。其中,外差收发机与超外差收发机的发明,是重要的改进。

外差收发机的英文名是 Heterodyne,它是人类射频收发机历史上的伟大发明。外差是通过混频技术,将两个频率的信号混合而创建新的频率信号的技术。两个输入信号通过一个非线性器件(如真空管、晶体管或二极管)进行混频,如两个频率为 f_1 与 f_2 的信号,混频之后会产生 f_1+f_2 与 f_1-f_2 两个新频率的信号。这种现象叫混频处理,用于实现混频的非线性器件被称为混频器。通过混频,可以将原来在空间传播的电磁波,变换为人耳可听到的较低的频率范围信号,再通过简单的检波器,完成信息的接收。

1901 年,雷金纳德·费森登(Reginald Fessenden)展示了这种架构的收发机,虽然当时三极管还未被发明出来,振荡器的工作频率还无法稳定,但这种架构为现代射频收发机奠定了坚实的基础。在发明了这个架构后,费森登从两个希腊单词"Hetero-"(不同的,差异的)和"dyn-"(动力、能力)那里得到灵感,将此种架构命名为 Heterodyne,中文翻译为"外差"(见图 3-31)。

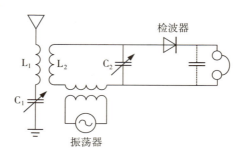

图 3-31 费森登发明的外差接收电路

发现了"外差"现象后,工程师们继续探索。他们发现,采用更高频率的电磁波传输对于某些应用场景很有帮助,但工作于高频率的放大器极难设计。工程师们就想,既然原来外差的思路是把声音频率的信号,通过混频搬移到高频电磁波频率,那对高频率信号放大的时候,是不是也可以先在比较低的射频频率上进行放大,然后再通过频率搬移的方式,将放大后的信号搬移到高频率呢?这样不就可以省去对高频高线性的放大器需求了吗?

以上这个设计理念是美国工程师阿姆斯特朗等人在1918年提出的。在频率搬移过程中,中间预先设定的固定射频频率被称为中间频率(Intermediate Frequency,IF),一般简称为中频。由于这个频率超出了声音的可听范围,是超声波(Supersonic),所以被命名为超外差(Super-Heterodyne)。相较于高频放大式收发机,超外差收发机架构具有高灵敏度、高选择性和稳定性,能适应远程通信对高频率、弱小信号的接收需要(见图3-32)。在过去100年时间里,超外差收发机架构在无线通信系统中得到了广泛的应用。

超外差收发机架构虽然具有良好的性能,但其架构复杂,需要多次滤波,不适合近代集成电路设计中的单片集成思路。于是,人们设计了零中频(Zero IF)收发机架构(见图3-33)。零中频收发机架构的思路是不再经过IF频率,而是直接将射频信号转化为0Hz频率的基带信号。由于相当于在超外差收发机架构中将IF频率设为了0,所以这种思路被称为零中频方案,又被称为直接变频(Direct Conversion)方案或零差(Homodyne)方案。

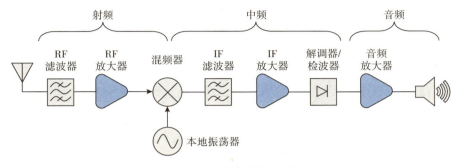

图 3-32 超外差收发机架构

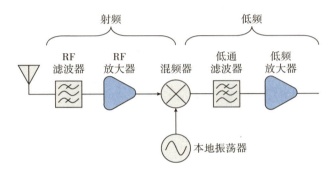

图 3-33 零中频收发机架构

零中频方案有其独特的优点,如下:

- 零中频方案可以简化设计,不需要先将信号搬移至中频。
- 零中频方案可以解决超外差方案中的镜像抑制问题。
- 零中频方案不需要中频滤波器等电路,便于做单芯片集成。

零中频方案不再需要经过一次中频转换,看起来非常简洁,但这会给实际设计带来诸多问题:

- 没有中频的预处理后,基带输出电平会因为接收信号强度的不同出现很大范围的波动。
- 本振频率与射频频率相同,可能造成信号泄露干扰。
- 混频后的信号在0Hz频率附近,可能会发生DC偏移。
- 本地振荡器需要有精确的锁相,才能使射频频率准确搬移至0Hz频率附近。

正因为以上挑战，零中频方案在1924年被提出后，并没有得到大规模的推广。1932年，工程师们采用本地振荡器与射频频率二者相比较的方式，修正了本地振荡器的频率，让本地振荡器频率与射频频率锁定，这个电路也就成了当今锁相环（Phase Locked Loop，PLL）电路的雏形。

零中频方案的其他问题也随着1958年世界上第一款集成电路的发明而被逐渐解决。集成电路的发展使得锁相环电路得以实现更复杂的功能，高动态范围、高补偿特性的电路使得电路可以应对空间大范围波动的射频信号。同时，零中频方案便于单芯片集成的特性，使得其与集成电路的快速发展相得益彰。目前，零中频方案在手机、航空电子设备及软件定义无线电系统中得到了广泛应用。

从 2G 到 5G：不断演进的收发机芯片

经过百年发展，射频收发机从原来只能发射或接收一个电火花，发展到如今支持全球频段、多功能、多模式的复杂射频芯片系统。进入21世纪后，通信协议仍在不断发展，也促使射频收发机技术不断演进。

2G蜂窝标准（以GSM为例）的主要应用是语音通信，2G于1990年在全球开始大规模商用。2G手机的普及伴随着集成电路的快速发展。随着摩尔定律的演进，1995年前后CMOS工艺的特征尺寸已经缩小至1微米量级：0.6微米特征长度的CMOS器件已经可以用于设计2.4GHz的射频电路，0.35微米的器件甚至可以使5GHz的电路实现成为可能。

仅仅具备单个射频模块的构建能力还不足以展示出CMOS工艺在射频应用中的优势，吸引大家关注CMOS工艺的还是其提供的大规模单片集成可能性。CMOS工艺原来是为数字工艺准备的，并且也可以做一部分模拟电路，如果连射频也能攻克下来，那就可以实现复杂的模数、射频混合电路，同时做到单芯片的集成。因为这一特性，CMOS工艺实现的2G射频收发机成为当时的研究热点。

使用CMOS工艺实现全集成的GSM射频收发机并不顺利,早期GSM射频收发机采用BJT技术,并且需要大量的外部器件。随后,一些CMOS工艺设计的单频段的GSM射频收发机被设计出来,随后才逐渐开始设计出多频段全集成的CMOS射频收发机芯片。

3G时代具有代表性的通信制式是WCDMA,WCDMA是一种FDD频分利用系统,发射机与接收机在不同频率上同时工作,这对单片集成的射频收发机设计提出了更大的挑战。在FDD系统中,接收机的接收灵敏度受以下4种情况影响:接收机的噪声系数;Rx接收带内的Tx噪声;Tx大信号的混频噪声;Tx信号的IM2产物。在以上几种情况的影响中,有3种与发射机和接收机之间的隔离直接相关。

在3G射频收发机的设计中,可以采用增强LNA IIP2、增加陷波网络的方法解决阻塞问题,提升收发机的接收性能。在当时,一些设计采用了0.18微米设计的单片集成WCDMA/HSDPA射频收发机,利用数字信号处理和可调谐滤波器来消除外部元件,从而实现了高度集成和高收发抑制的WCDMA收发器。

4G与智能手机几乎在同一时代出现。为了满足智能手机对高数据速率蜂窝通信的需求,越来越多的频段被开辟出来。运营商也在频率资源上展开激烈竞争,竞争结果是每个运营商掌握的都是非连续的和碎片化的多个窄频段。在4G手机中,需要支持的频段可能多达40个。

频段的增加给射频收发机的设计带来了极大的挑战,在设计中,必须考虑充分的复用,来使子模块的数目维持在合理范围内。4G射频收发机面对的另一个更大的挑战是载波聚合(Carrier Aggregation,CA)的支持。CA要求多个射频通路同时工作,而这些同时工作的信号之间不可避免地会产生耦合。在设计中,需要将射频通路有效分组,这给设计复杂度带来了很大的提升。

5G的到来使得无线通信的速率再次提升,射频收发机需要实现Gb/s吞吐量的收发功能。为此5G NR系统中引入了大规模的MIMO、高达

200MHz 的 CA 来实现。另外，加上 LTE+NR 双连接（EN-DC）的需求，5G NR 射频收发机的设计难度大大增加。

联发科（MTK）在 5G 收发机芯片设计中，采用 12 纳米 CMOS 工艺来设计 5G 射频收发机系统，该系统最多支持 2 个带间上行 CA、6 个带间下行 CA，支持 4x4 MIMO，并且支持 NR 200MHz 的 CA。为了实现以上功能，该射频收发机集成了 20 个 Rx 路径，频率覆盖 600MHz 至 6GHz 频段。即使经过了内部的 LNA 复用技术，内部 LNA 还是达到了 28 个。射频收发机还使用了大量数字电路，以达到 200MHz 的带宽支持。在 NR 200MHz/4x4 MIMO/256QAM 下，可达到 5Gb/s 的吞吐量。

射频 PA：值得好好聊一聊

射频 PA 是无线系统中的重要器件，PA 全称 Power Amplifier，中文翻译为功率放大器，也会被简称为功放。射频 PA 的主要功能是将小功率的射频信号放大到一定的输出功率，以驱动天线将足够强的信号辐射到空中。射频 PA 是无线通信系统的核心部分，其性能直接决定了通信的距离、质量和效率。因为其功耗大，所以其对移动终端的工作时长也有明显影响。因为工作在大功率的极限状态，所以射频 PA 的可靠性也是其在应用中被关注的焦点。射频 PA 的以上特点，让射频 PA 非常值得我们好好聊一聊。

都是放大器，PA 有什么不一样

射频 PA 也是一种放大器，它的基本特性和普通的放大器没有本质的不同。射频 PA 和其他 PA 唯一的区别就是输出功率大小不同。功率大小也是射频 PA 设计中的第一指标。千万别小瞧了功率大小这个唯一的区别，它将给放大器设计和应用带来很大差别。

以蜂窝网络中终端应用为例，射频 PA 功率输出一般在 30dBm 左右，而收发机中的其他放大器一般不会超过 0dBm，射频 PA 功率输出

比其他放大器大了约 30dB。由于射频应用经常以 dBm、dB 为单位来显示，所以它经常会让人对参数量级失去直观感知。30dB 换算成倍数的话是 1000 倍，也就是说，射频 PA 的输出功率与其他普通放大器相比大了 1000 倍！

如此大的功率输出带来很多的问题，如散热问题、可靠性问题、功耗问题等。拿散热问题来说，一般射频 PA 在功率输出时，转换效率最高不超过 50%，有一半的直流被转化成了热，如果没有进行良好的散热设计，就会导致射频 PA 温度升高，影响其性能和可靠性，甚至造成损坏。射频 PA 的可靠性也是其工作功率增大之后，必须考虑的设计因素，高功率的工作状态使射频 PA 的电压与电流摆幅都在半导体器件的极限附近，如果没有良好设计，在负载或电源电压波动时，极易产生超器件应用范围的影响，严重时还有可能烧毁 PA。功耗也是射频 PA 设计时要考虑的重要指标，从能量守恒来看，射频 PA 产生了极大的射频能量，也就代表了射频 PA 需要吸收足够大的直流能量，这也让射频 PA 成为系统里的耗电大户。为了优化功耗，必须采用高效率的技术对射频 PA 进行设计。

最大化榨取能量：负载线（Loadline）与负载牵引（Loadpull）

射频 PA 本质上是一个从直流能量中，最大化地榨取射频能量的电路。基于这种设计理念，很多小信号中使用的设计思路不再适用。在这些设计理念中，首先被挑战的就是用于最大化功率传输的共轭匹配。

射频 PA 的输出用的并不是共轭匹配，相信看到这一点的时候，很多没做过射频 PA 设计的工程师会很费解：教科书上不是说共轭匹配下没有反射，射频信号可以最大化传输吗？这不是传输的最理想状态吗？如果这不是射频 PA 的最佳设计状态，那是教科书有什么问题吗？

其实教科书没有问题，只是假设条件有所不同。共轭匹配假设的是输入源的功率恒定，在此条件下分析负载阻抗和源阻抗关系，才有足够多的能量传递到负载。但射频 PA 的输出功率是不确定的，射频 PA 是在做直流到射频功率的转换，其负载状态影响输出功率的大小，其关注的第一要素是在什么负载状态下,可以从直流能量中榨取出最多的能量。

在这个思路下就出现了PA的负载线(Loadline)和负载牵引(Loadpull)分析,也出现了最佳负载线设计和最佳负载设计。二者在本质上是同一个概念的两种不同的表述形式。

负载线是指在射频PA的输出端,输出电压与输出电流之间的关系曲线。输出电压与输出电流同时作用在负载阻抗R_{load}上,符合以R_{load}为转换的线性欧姆关系(见图3-34),这个关系和负载阻抗R_{load}相关,并且在晶体管的DC-IV(直流-电压/电流)曲线上表现为一条直线,所以称为"负载线"(见图3-35)。

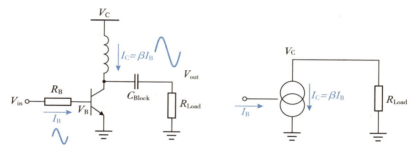

图3-34 带有负载的放大器基本电路及其小信号等效模型

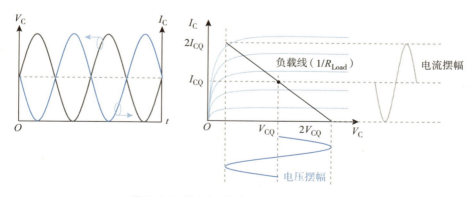

图3-35 输出电压与电流摆幅关系及负载线

负载线之所以重要,是因为其直接决定了放大器的输出功率。在最优负载线时,电压与电流摆幅均达到最大,此时射频PA有最大的输出功率。当偏离最优负载线时,会分别出现电压受限与电流受限,功率均会受影响(见图3-36)。

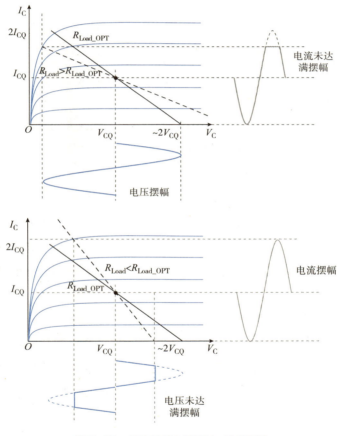

图3-36　偏离最优负载线时,功率受限

得到最优负载线之后,通过匹配网络的设计,就可以将晶体管负载设计在最优负载线上。例如,对于某5G射频PA,如果计算其在给定供电电压及给定功率目标时,最优负载线为3.1 Ω,则可以设计两级LC匹配网络,将

50 Ω 的片外负载，匹配到 3.1 Ω 的目标值。此时射频 PA 将完成目标功率的最优输出（见图 3-37）。

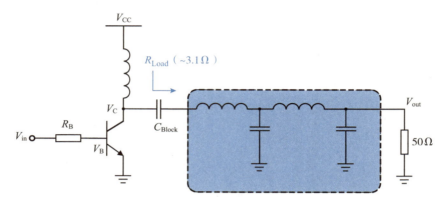

图 3-37　5G 射频 PA 的输出匹配网络

虽然负载线理论可以对射频 PA 的特性进行简单清晰的分析，但在实际使用中，阻抗并非只有实部，还有虚部，并且在加入导通角、匹配网络及谐波影响后会变得非常复杂。负载线理论对于清晰理解射频 PA 的设计思路很重要，但这些应用中的非理想特性使这种方法在实际设计与应用中显得心余力绌。

于是负载牵引的概念被引入进来。负载牵引的英文名为 Loadpull，是指将被测器件（Device under Test，DUT）的负载阻抗进行遍历，同时记录测试不同负载阻抗时的器件特性，从而得到最优阻抗的方法。负载牵引看起来有点暴力破解的味道：我知道你肯定有一个阻抗下的输出功率最高，我也懒得给你做什么分析，直接把所有负载阻抗遍历一遍，实测功率最大的点，就是最优功率点。

从实现过程来看，射频 PA 的负载牵引确实是一个实验性结果，但其也是有理论依据的。1983 年，在仪器和仿真软件还不发达的年代，PA 大神 Cripps 教授就推断过 PA 负载牵引的形状，在 Cripps 教授的分析中，PA 的负载牵引图形应该是一组组橄榄球形状的闭合的等高线，而不是正圆形或其他形状。在软件技术发达之后,仿真结果和Cripps教授的推断完全一致,在当年PA"大神"辈出的时代,"大神"们对于器件的掌控力可见一斑。

在现代仿真软件中,负载牵引结果的获取较为容易,只需要将器件的负载阻抗进行扫描,就可以绘制出多种多样的负载牵引图形,通常只需几秒钟,就可以将负载牵引图形绘制出来。在实际测试中,想要精准地遍历各个负载阻抗就不如在仿真中容易了,需要借助阻抗调谐器(Tuner)来实现对负载阻抗的控制,阻抗调谐器也是整个负载牵引系统中最为重要的组成部分。阻抗调谐器可以被理解为阻抗调谐匹配单元,可以将固定的负载阻抗有控制地匹配至Smith圆图上的其他位置(见图3-38)。负载牵引测试系统的原理图及实际测试系统如图3-39所示。

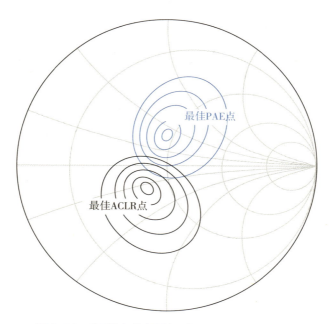

图3-39 典型的负载牵引结果在Smith圆图上的呈现

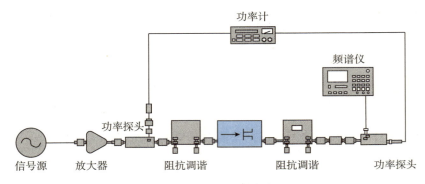

图 3-39　负载牵引测试系统原理

从 A 类（Class A）到 J 类（Class J）：高效率射频 PA 设计

射频 PA 是耗电大户，为了解决它的功耗问题，工程师和射频专家们进行了一系列研究，其中，最基本的就是对不同的 PA 类别进行划分（见图 3-40）。例如，我们经常提到的 A 类、AB 类、E 类及 F 类等，这些 PA 在效率上表现出不同的特性，这些特性也被应用到高效率 PA 的设计中。

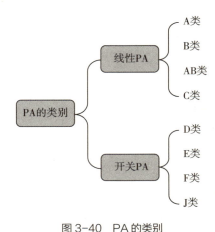

图 3-40　PA 的类别

根据能量守恒，PA 消耗的直流功耗转化成了三部分能量，分别是射频基波能量（最希望得到的能量）、直流耗散能量及射频谐波耗散能量，直流耗散能量和射频谐波耗散能量都是耗散、浪费掉的能量，需要对其进行控制。

根据工作方式的不同，PA分为线性PA和开关PA。线性PA是指利用晶体管的线性区域特性，实现功率放大的放大类型。在这个工作区域内，晶体管的输入和输出成大致线性的转移关系，输出信号幅度的大小可以反映输入信号幅度的大小。需要注意的是，根据BJT器件与FET器件的工作原理不同，二者的"线性区域"称呼不同。在BJT器件中，这个区域被称为线性放大区或线性区；在FET器件中，这个区域被称作饱和区（见图3-41）。

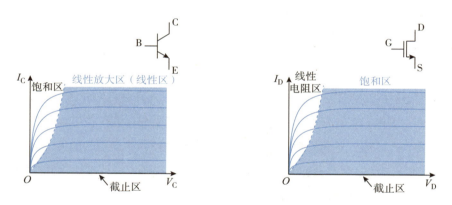

图3-41　BJT器件与FET器件用于实现线性PA的工作区域

还需要说明的是，线性PA并不是完全线性的。对于除A类外的AB类、B类和C类线性PA，因为波形的非完整周期导通，输出均存在非线性分量。即使是全周期导通的A类PA，由于晶体管输入和输出的非线性转移关系（指数或二次方关系），输出也会出现非线性分量（见图3-42）。但这些非线性分量的存在，不影响晶体管工作在线性工作区的实质，也不影响输出信号幅度与输入信号幅度成正比例的相对关系，所以这些PA都属于线性PA。

因为理解直观、设计简单，线性PA是PA设计中的首要选择。但线性

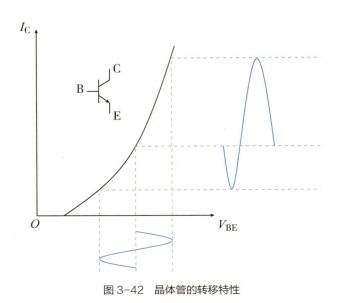

图 3-42　晶体管的转移特性

PA 很难达到高效率，于是 PA 设计先驱们开始引入开关 PA 的设计理念。开关 PA 主要有 D 类、E 类、F 类和 J 类等，其特点是晶体管工作在类似开关状态。这些 PA 设计不再局限于从 A、B、AB、C 类 PA 中偏置的角度讨论，而是把输出端负载对波形的调制影响也考虑进来。将 PA 设计成接近开关的状态，以达到高效率的设计目标。

不同类型 PA 的偏置状态与导通角的关系如图 3-43 所示。

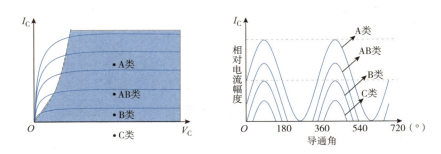

图 3-43　各类线性 PA 偏置状态与导通角的关系

A类PA的晶体管在信号的全周期导通,其电压与电流的波形如图3-44所示。

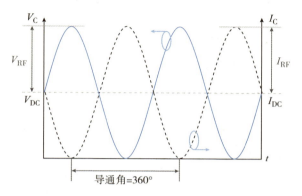

图 3-44 A 类 PA 的电压与电流波形

B类PA的直流偏置点放置在晶体管导通开启电压附近,只有当输入信号为正向摆幅时晶体管才导通,导通角只有全周期的一半。B类PA的电压与电流波形如图3-45所示。

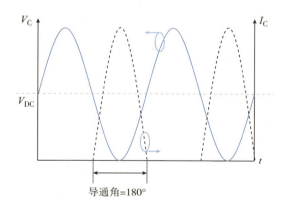

图 3-45 B 类 PA 的电压与电流波形

虽然输出电流只有半周期导通,波形出现了强烈的失真,但由于器件仍然工作于线性工作区域,输出信号的幅度与输入信号的幅度仍然成正比例关系,所以B类PA仍然是线性PA。相较于A类PA 50%的最高效率,B类PA的最高效率可达78.5%。

AB类PA是指处于A类和B类之间的PA类型,导通角在180度到360度之间。AB类PA的效率根据导通角的不同而不同,处于A类的50%与B类的78.5%之间。AB类PA的电压与电流波形如图3-46所示。

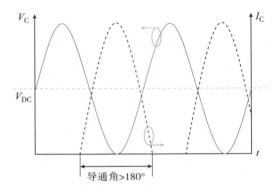

图3-46　AB类PA的电压与电流波形

通过推导带有导通角的效率计算公式可以得出,当导通角变小时,PA的效率提升。在B类PA的基础上继续减小导通角,当全周期的导通角减小至180度以下时,就形成了C类PA。C类PA的电压与电流波形如图3-47所示。

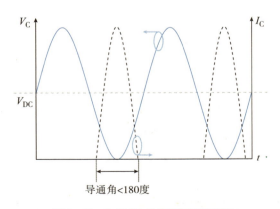

图3-47　C类PA的电压与电流波形

对于C类PA，将导通角取0为极限，得到PA的极限效率可达100%。虽然在理论上C类PA可以达到100%的效率，但达到100%的效率时导通角为0，此时也无功率输出。所以C类PA中的100%的效率是可望而不可即的，无法为实际使用的PA设计提供有效帮助。

由于导通角的不同，A类、AB类、B类及C类PA在效率、基频功率，以及谐波功率上有不同的表现。采用傅里叶变换可以对几种不同类型的PA进行分析，得到几种类型的PA特性如图3-48所示。

根据图3-48，可以很好地理解不同类型的线性PA的特性关系，可以得出如下结论：

- 随着导通角变小，PA的效率由50%逐渐提高至100%。
- 在从A类到B类的变化中，导通角的变小并没有引起基波能量的降低。
- 在从B类到C类的变化中，基波输出功率迅速减小。

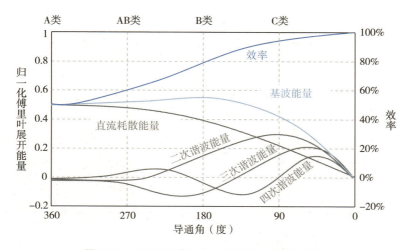

图3-48　不同导通角下PA的能量分布及效率特性

正是由于以上特性，应用中线性PA大多设计为AB类，这时有较高的效率，较高的基波输出功率，同时也有可接受的谐波特性。

以上几种就是典型的线性PA设计，但为了追求高的效率，常常会把开关PA的设计理念引入进来。常见的开关PA有D类、E类、F类、J类等。

在理想开关PA中，当输入电压为正时，晶体管打开，电流通过晶体管，此时晶体管两端电压为0；当输入电压为负时，晶体管关闭，此时输出电压开始建立，但流过晶体管的电流为0（见图3-49）。因为作为开关使用的晶体管不消耗功耗，所有的能量都可以转化为射频能量，所以理论上开关PA可以达到100%的效率。

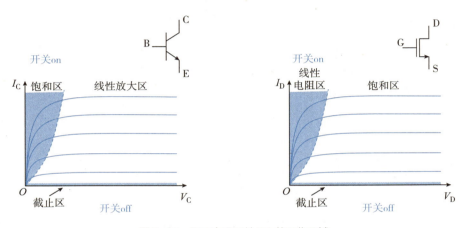

图3-49 用于实现开关PA的工作区域

然而在实际使用中，由于开关的非理想特性和器件的寄生效应，晶体管并不能达到理想开关状态，也就造成了电压与电流的部分交叠，造成效率的损失。另外，如果谐波能量处理不当，也会引起能量损失。为了使工作在射频频率的PA效率不断逼近100%，PA设计先驱们采用了多种不同的设计分析方法，于是就产生了多种不同的PA类型。

D类PA于1959年由Baxandall教授首先提出，其由成对的开关管M_1及M_2构成，谐振在基波频率的负载。在理想情况下，D类PA晶体管的电压与电流无交叠，使得D类PA直流功率耗散为0。

对于谐波功率耗散，D类PA的输出电压波形为方波信号；由于谐振负载的存在，输出电流波形为半正弦波。对方波信号进行傅里叶展开，所有的偶次谐波分量为0；对半正弦波进行傅里叶展开，所有的奇次谐波分量为0。谐波分量中电压与电流交替为0，使得理想D类PA无谐波功率耗散。当以上这种电压与电流分别为方波与半正弦波时，谐波功率耗散为0的特性，经常被使用在高效率PA设计中。由于直流功率耗散与谐波功率耗散均为0，所以理想D类PA可以达到100%的效率。D类PA工作原理及波形如图3-50所示。

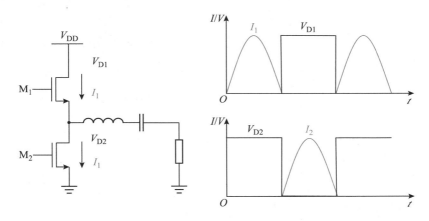

图3-50 D类PA工作原理及波形

D类PA也有一系列变形，例如，可以将电流构建成方波，将电压构建成半正弦波，这种就是电流模式的D类PA。

D类PA看起来可以完美实现100%的转换效率，但其高度依赖两个开关管的完美切换，在高频应用时显得无能为力：感性的负载会使开关"关不断"，容性负载会使开关"打不开"。并且D类PA需要的成对推挽结构，也使得其在部分高频应用时力不从心。为了使开关PA可以应用在高频频率，Sokal教授在1975年发明了E类PA。E类PA由工作于开关状态的单端晶体管、负载匹配网络构成。

E类PA的架构看起来与普通的A类、AB类PA并无大的不同，但设计思路却相差很大。E类PA的设计理念如下：

- 将晶体管的偏置和驱动功率进行合理设计。

- 对输出波形提出一系列约束条件,这些约束条件使晶体管工作于开关状态。
- 基于这些约束条件,就可以计算不同拓扑中的器件取值,从而完成设计。

E类PA的约束条件使作为开关等效的晶体管在合适的时间进行off到on的切换,从而减小开关在切换过程中带来的充放电损耗。Sokal教授提出E类PA设计的两个重要约束条件:当开关从off到on转换的瞬间,漏极电压为零(Zero Voltage Switching,ZVS);当开关从off到on转换的瞬间,漏极电压波形的斜率为零(Zero Voltage Derivative Switching,ZVDS)。具体如图3-51所示。

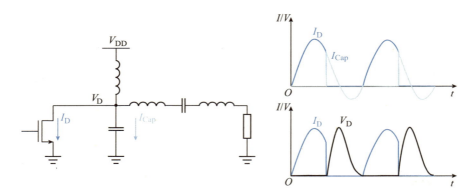

图3-51　E类PA及波形示意

F类PA的发明源自对过激励的B类PA的研究。在线性PA分析中,B类PA的最大效率为78.5%,但如果对其进行过激励驱动,其电压、电流波形出现削峰,形成类似方波的波形,这时电流、电压交叠变少,从而效率得到提高(见图3-52)。

过激励的B类PA虽然有更高的效率,但由于电压、电流均包含奇次和偶次谐波,有部分能量仍然消耗在了谐波上,所以效率无法达到100%。通过计算,过激励的B类PA可以达到88.6%的效率。这就是有些B类PA能看到高于理论值78.5%的峰值效率的原因。

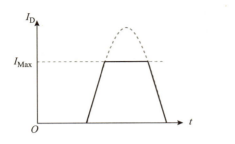 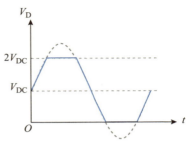

图 3-52 理想过激励下 B 类放大器的电流与电压波形

基于对过激励的 B 类 PA 的研究，D. M. Snider 教授于 1967 年提出 F 类 PA 的概念，随后 F. H. Raab 教授等对 F 类 PA 的原理和设计方法进行了进一步研究。F 类 PA 通过对谐波阻抗的控制，使奇次谐波阻抗为开路，偶次谐波阻抗为短路，得到方形的电压波形和半正弦的电流波形。二者分别只含有奇次和偶次谐波，谐波消耗为 0，在理想情况下可得到 100% 的效率。图 3-53 为理想 F 类 PA 的电流、电压波形。

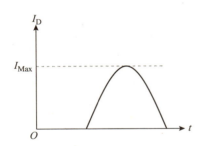 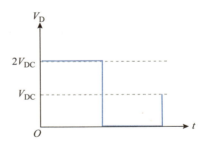

图 3-53 理想 F 类 PA 的电流与电压波形

同理，也可以将电流构造成方波，将电压构造成半正弦波，同样可以达到理论上 100% 的效率，这样就形成了逆 F 类 PA 的设计。逆 F 类 PA 设计的条件与 F 类 PA 相反：偶次谐波阻抗需要设计成开路，奇次谐波阻抗需要设计成短路。在实际应用中，由于谐波频率高，无法对各次谐波阻抗均进行完美控制，这在一定程度上恶化了 F 类 PA 的实际应用效果。图 3-54 为对 3 次谐波进行控制的 F 类 PA 简化电路。

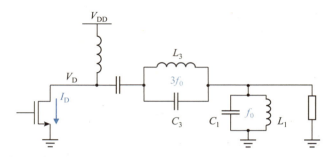

图 3-54　实际应用中典型的 F 类 PA 简化电路

J 类 PA 是 Cripps 教授于 2006 年提出的一种高效 PA 设计方法，其设计思路仍然是利用对谐波阻抗的控制，减少电压与电流的交叠部分，从而减少直流损耗，提升 PA 效率。图 3-55 为 Cripps 教授提出的 J 类 PA 的简化电路图。

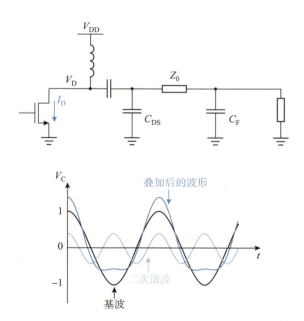

图 3-55　J 类 PA 简化电路与电压波形示意

与F类PA通过控制不同次谐波的幅度来构建完美的方波与半正弦波不同，Cripps教授的想法是通过控制二次谐波的相位，使二次谐波与基波之间形成叠加，减小电压与电流之间的交叠。

对J类PA的效率进行计算，可以得到J类PA的最大效率为78.5%。虽然J类PA与B类PA的效率相同，但理想B类PA需要二次及以上谐波均短路，这在物理上不易实现。J类PA要求二次谐波处于某一个虚部值即可，这在实际应用中更容易实现，并且有较好的宽带特性。

在PA设计中，评价不同结构的特点时，除了使用效率、功率指标，还有一个重要指标，称为"归一化功率输出能力"，英文为Normalized Output Power Capability，一般缩写为PNOPC。其定义为：PA的最大输出和最大瞬态工作电流与电压乘积之比。归一化功率输出能力指标可以反映在给定的电压与电流摆幅的情况下，PA输出最大功率的大小；也可以反映在给定输出功率的情况下，所需要电压与电流摆幅的大小。

将以上讨论的PA特性进行总结，得到性能对比如表3-5所示。

表3-5 不同类型PA特性对比

类型	A	AB	B	C	D	E	F	J
理论效率	50%	50%~78.5%	78.5%	78.5%~100%	100%	100%	100%	78.5%
归一化功率输出能力	0.125	0.125	0.125	0.125~0	0.318	0.098	0.159	0.086

射频PA的功率合成架构

PA的核心目标是"功率"，为了达到足够的功率输出，PA采用了负载线匹配的思路，也采用了不同的设计来改善效率。如果这个时候PA的功率还不够，或者需要借助一些特殊的架构来改善PA的特性，就用到了不同PA功率合成架构。功率合成架构可以根据合成方法的不同，分为简单功率合成与特殊功率合成。

简单功率合成是指将多个小功率器件进行合成，直到合成至足够大的功率。简单功率合成的方式有电流合成、电压合成、功率合成。特殊功率合成是指利用较为特殊的合成方法，在合成的时候完成一些特殊的特性设计。常见的合成方法有推挽（Push-pull）、平衡（Balance）、多尔蒂（Doherty）等。

电流合成是最简单的功率合成方式，实现方式是将多个较小的器件进行并联连接，将电流进行并联（见图3-56）。

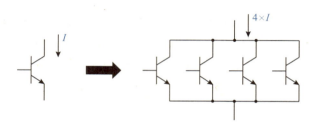

图3-56　PA的电流合成

在实现上，电流合成即在版图（Layout）中将多个晶体管的基极、集电极、发射极分别连接，由于实现简单，在PA的设计中被广泛采用。图3-57为典型的GaAs PA功率级版图，图中末级的功率输出级由4列功率阵列（Power Array）构成，每个功率阵列包含5个功率单元（Power Cell），共计20个功率单元，一起完成末级功率放大输出。

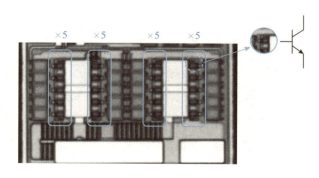

图3-57　典型的GaAs PA功率级版图

虽然电流合成实现简单，但在设计的时候也有许多要点需要注意：

- 单个功率阵列不宜过长，以确保电流是同相叠加的。
- 不同阵列之间合成时要注意走线的对称性，保证电流合成时的相位相同。
- 用于电流合成的走线较宽，要注意合理设计，减少走线带来的寄生电容效应。

由于设计简单，实现方便，电流合成在PA中被广泛使用。

除了电流合成方式，还有一种简单合成方式是将电压进行合成。电压合成的优点是可以提高最优输出阻抗点，在做阻抗匹配时可以实现更低的阻抗匹配损耗。图3-58为电压合成方式的典型实现电路。

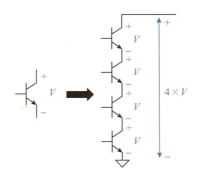

图3-58　采用电压合成的典型电路

电压合成的方式适用于供电电压远大于器件耐受电压的场景（如高压供电环境），或者采用低压器件进行PA设计时。

其实电流、电压的合成都是在做功率合成，不过，还有一些功率合成方式不能严格地区分是在做电流合成还是在做电压合成，就将其归类为"功率合成"。典型的功率合成方式是用功率合成器（简称功合器）进行功率合成，威尔金森（Wilkinson）功合器（功分器）就是一种简单的功合器。威尔金森功合器与其设计的功率合成PA如图3-59所示。

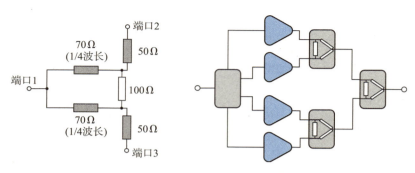

图 3-59　典型的威尔金森功合器设计及其设计的功率合成 PA

由于威尔金森功合器有三端口可以同时匹配的特性，所以采用其设计的功率合成 PA 设计简单，只需要单独设计好各路 PA，再进行功率合成即可。不过，由于威尔金森功合器需要两段 λ/4 传输线，并且两支路之间需要并接 100Ω 电阻，在版图实现时并不经济，在对面积有限制的设计中无法有效采用。为了改善威尔金森功合器的面积制约，在一些设计中采用了直接二合一合并匹配（Binary Combine）的方式进行设计，虽然采用这种方式不能达到三端口的完全匹配，但由于所占面积小，实现方便，在 MMIC 设计中得到了广泛采用。图 3-60 为采用直接二合一合并匹配的方式实现的 PA 设计。

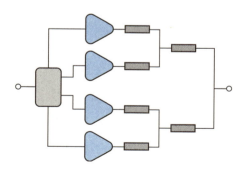

图 3-60　采用二合一合并匹配的方式实现的 PA 设计

除了在功合器上的研究，一些研究还采用变压器（Transformer）或直接空间功率合并的方式进行功率合成（见图 3-61）。

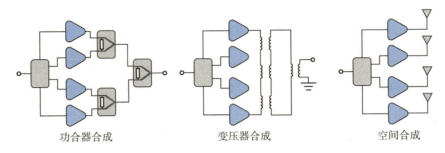

图 3-61　采用功合器、变压器及空间功率合并方式的功率合成示意

在简单功率合成中，功率合成的思路是将功率进行简单合并，完成"1+1=2"的功率输出。除了功率的简单合成，还可以在功率合成中加入特殊设计，在完成功率合成的同时，也实现更复杂的特性。一些常见的特殊功率合成方法有推挽（Push-pull）、平衡（Balance）、多尔蒂（Doherty）等。

Push-pull PA一般在中文中被译为推挽PA，其设计是将两个分别正、反导通的PA合并，完成整个周期波形合成输出。这样，每个单独的PA就可以设计为高效率的B类工作模式，PA整体有高的效率。

图3-62所示的Push-pull PA由NPN型和PNP型两个晶体管构成，分别负责正半周期及负半周期的信号导通。在实际设计中，由于PNP型双极型晶体管一般不易实现高速，而且在集成电路实现中，一般的外延层（Epi）只含有一种类型的晶体管，所以在射频中常采用双NPN型晶体管设计电路。

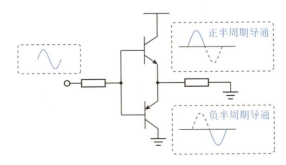

图 3-62　Push-pull PA 原理

这个时候输入和输出就需要用到由平衡到不平衡（Balance to Unbalance）的转换电路，即巴伦（Balun），来将两路信号进行反向。采用巴伦和双NPN型晶体管设计的Push-pull PA如图3-63所示。不同于采用NPN型和PNP型晶体管设计的Push-pull PA中有物理接地、两路功放均以地为参考流动，采用巴伦和双NPN型晶体管设计的Push-pull PA电流在两路之间差分流动，射频以二者中间点为虚拟参考地。

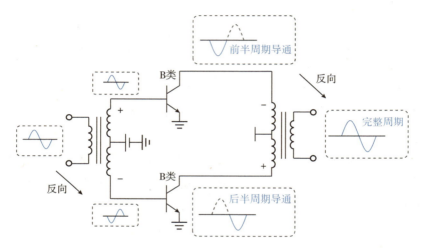

图3-63　采用巴伦及双NPN型晶体管设计的Push-pull PA

需要说明的是，Push-pull PA不止可以用两个B类PA进行效率的提升，还可以将两个A类PA合并，进行功率的合成提高。采用A类PA进行设计时，单个PA的效率并没有提升，但输出功率合成增加。采用两个A类PA进行功率合成Push-pull PA如图3-64所示。

巴伦是Push-pull PA的重要器件，是完成平衡信号（差分信号）与非平衡信号（单端信号）相互转换的电路。在平衡信号侧，信号以差分形式传输，相位相差180度；在非平衡侧，信号以地为参考，单端传输。双线变压器绕线法是常见的一种巴伦实现方法，采用双绕线耦合的形式，可实现信号由不平衡到平衡的相互转换。并且，还可以改变线圈的比

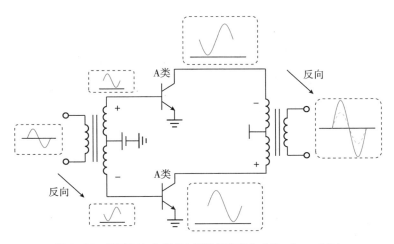

图 3-64 采用两个 A 类 PA 设计的功率合成 Push-pull PA

例,实现不同阻抗的变换。在芯片设计中,通常利用多层金属边缘耦合（Edge Couple）或宽边耦合（Broad Side）的方式实现金属线圈间的耦合。

为了产生对称的差分信号,巴伦在设计中一般注意线圈绕线的对称;另外,Push-pull PA 的两个放大通路也需要对称设计,这就使得 Push-pull PA 被较易识别;两个 PA 放大通路的前后有对称的绕线巴伦。

Balance PA 是一种特殊合成架构的 PA,其中文为平衡放大器,是另外一种特殊的功率合成方式。Balance PA 与 Push-pull PA 相同,也是采用两路 PA 进行功率合并的。不过与 Push-pull PA 的 180 度功率分配与合成不同,Balance PA 采用的是 90 度的功率分配与合成。图 3-65 为 Balance PA 的设计框图。

Balance PA 最大的特点是,只要两路 PA 是完全对称的,则两路 PA 的反射信号将在输入与输出端口完全抵消,实现输入和输出在较宽范围内有较好的驻波比（VSWR）,适合宽带微波毫米波放大器设计,以及对 S11/S22 有特殊需求的场景。Balance PA 中反射信号的抵消原理如图 3-66 所示。

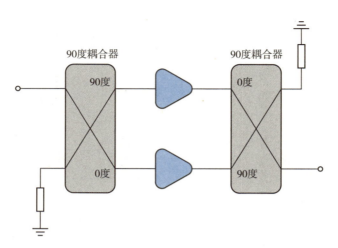

图 3-65　Balance PA 设计框图

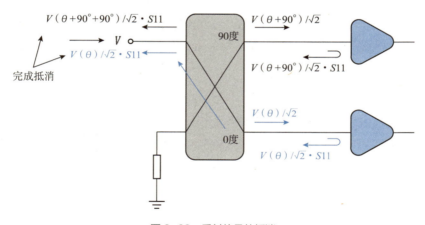

图 3-66　反射信号的抵消

因为有以上特性,Balance PA 有很好的 S11/S22 特性,有研究显示,Balance PA 可以将以 1.5GHz 为中心频率 PA 的 S22 实现由 −10dB 至 −35dB 的优化,在 1.4~1.6GHz 范围内均实现 −15dB 以下的 S22。

但由于 Balance PA 对 S11/S22 的抵消及功率的合成依赖于耦合器 90 度的精准相移,而耦合器的相移精度与频率相关,所以 Balance PA

只能在一定频率范围内控制有效。在代表性设计中，Balance PA在1.45~1.55GHz窄带工作时有小于-20dB的回波损耗，在1.2~1.7GHz之外，Balance PA的S11/S22与S21与单端相比反而出现了恶化，在1.0GHz及2.0GHz处，S22恶化5~10dB，S21恶化5~7dB（见图3-67）。

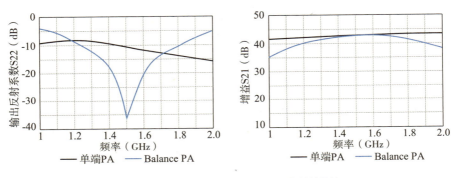

图3-67　Balance PA 与单端 PA 的特性比较

Balance PA设计的关键器件是90°功率分配及合成器，其实现有多种方式，可以采用移相器的方式进行设计，也可以采用定向耦合器或90°正交混合网络的方式进行设计。

Balance PA设计和特性的特殊性也可以用来识别Balance PA：

- 有两个对称的PA设计通路。
- 有不对称的功率分配、合成网络。
- 测试S11/S22特性，在抵消点附近有较好的S11/S22特性。

Doherty PA近年来可谓在手机射频PA使用中备受关注的架构，话题性非常强。Doherty PA引人注目的一个原因是它的高效特性，可以很好地缓解5G因为功率提升带来的功耗提升问题。Doherty PA对于效率的优化是通过"动态负载调制效应"，是靠"两路工作在不同状态的PA相互配合，使PA的负载发生变化，从而优化PA的回退特性"。虽然教科书上都是如此解释的，但一个PA的负载竟然可以靠另外一个PA的工作状态来改变，听上去总是有些黑科技的意味，更加深了Doherty PA的神秘感。

Doherty PA近年来被手机PA设计者所关注,但却不是最近才被研制出来的新架构。Doherty PA是由享有盛名的实验室——贝尔实验室的工程师William H. Doherty在1936年发明的,距今已经有近90年历史了。William H. Doherty最初研究的目标是开发千瓦量级的高效跨大洋传输功率放大器,在Doherty PA被发明后,由于匹配的应用场景还未出现,在整个20世纪的大部分时候,仅在AM发射机中有些应用。

虽然Doherty PA在很长时间里没有被广泛应用,但这一切都是藏器待时。1990年,随着全球移动通信的迅猛发展,对于高效、高功率的PA有了强烈需求。同时,硅基、Ⅲ-Ⅴ族半导体工艺的发展,数字信号处理技术带来的线性化技术,为Doherty PA在移动基站的应用提供了坚实的基础。Doherty PA技术在基站侧迅速发展,目前几乎统治了整个宏基站PA市场。

Doherty PA的核心原理是"负载调制"效应,其负载由两路PA进行驱动,其中一路PA只有在大功率输出时才打开,这一路PA被称为Peaking PA。Peaking PA的工作与否对PA的负载有调制效应,所以也在间接地改变PA的工作状态,使其尽量工作在接近饱和的高效率状态。图3-68为Doherty PA工作时的典型效率曲线。

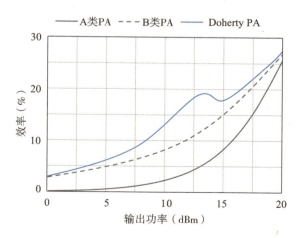

图3-68　Doherty PA工作时的典型效率曲线

在手机应用中，Doherty PA 并不常见。最主要的原因是手机使用环境复杂，需要支持的频段和模式众多，而 Doherty PA 具有负载敏感、较窄带且需要强大算法加持的特性，使传统意义上的 Doherty PA 在手机应用中并不兼容。基站与手机应用环境差异如表 3-6 所示。

表 3-6　基站与手机应用环境差异

类型	基站	手机
负载	固定	复杂变化
频段带宽	窄带（针对运营商）	宽带，全频段均需支持
频段和模式数目	较单一（针对运营商）	全球多模式、多频段均需支持
算法支持	有强大算法支持可做复杂校正和线性化	无法提供强大算法支持

近年来，随着 5G 手机中 PA 耗电的持续增加，Doherty PA 被重新考虑是否可应用于手机。因为手机应用复杂，需要考虑在高低温、不同天线驻波比下均满足系统指标，Doherty PA 在满足这些指标设计时，需要牺牲回退效率优化的特性，以折中兼容手机应用中的必须特性。

在实际分析中，可以根据 Doherty PA 的特性来识别是否是 Doherty PA：

- 至少由两路功放构成。
- 两路功放呈非对称状态，要么是设计不对称，要么是偏置状态不对称。
- 功率合成部分为非对称结构。
- 测试 S11/S22，以区分 Doherty PA 与 Balance PA。

以上不同的功率合成架构有不同的应用，特殊功率合成 PA 的架构对比如表 3-7 所示。

表 3-7 不同 PA 架构对比

名称	Push-pull PA	Balance PA	Doherty PA
架构			
功能特点	·两个A类PA可做功率合成 ·两个B类PA可用于效率提升	·可应用于对S11/S22有高要求的场景 ·可做功率合成	·可改善回退效率 ·窄带，负载敏感
功放通路	对称	对称	非对称
功率合成	180度	90度	90度及补偿线

不同PA架构之间不是非此即彼的，而是可以相互结合的。例如，在Doherty PA或Push-pull PA的每个PA单元中，都可以选择电流合成或电压合成的结构进行设计。甚至不同的特殊功率合成之间也可以相互组合，例如，Doherty PA的Carrier PA和Peaking PA就可以选择Push-pull PA。甚至还可以将两个Doherty PA组合设计成Balance PA，降低Doherty PA的负载敏感特性。

需要说明的是，PA架构并无优劣之分，只有合适与否。只有了解当前的需求和限制，了解不同PA的特性，才能选择恰到好处的PA架构。

如何才能不烧 PA

射频PA的实现以半导体器件为主，无论对于CMOS工艺兼容的Bulk CMOS、SOI CMOS工艺，还是以Ⅲ-Ⅴ族为代表的化合物半导体，器件都有最大允许电流、最大允许电压，以及最大热耗散功率。当器件工作的电压、电流、热耗散功率参数大于器件标称值，器件就会烧毁。

当射频PA工作在大功率状态时，器件的参数一般都接近于其物理极限。

另外,由于天线失配的影响、5G带来的功率提升、频率升高带来的性能受损及功耗变大等原因,射频PA成为系统里最容易烧毁的器件之一。为了保障PA不被烧毁,需要在PA设计、强壮性(Ruggedness)测试、应用三方面做控制。

PA设计是避免烧PA最为核心的环节,好的产品是设计出来的,而不是测试和控制出来的。在PA设计中,要对电流和电压两方面都进行保障。

进行电流设计时,需要合理设计器件的尺寸,确保在各个条件下,器件所通过的最大电流小于器件的最大耐受电流。在对通流的设计中需要着重注意的是,PA末级并联了多个晶体管器件,需要保证电流均分在整个器件中,而不是所有电流集中于某一个器件,将器件烧毁。由于HBT器件开启电压随温度升高而降低,过大的电流会降低开启电压,同时使电流进一步增大,直到器件烧毁。这种效应叫作热偏移(Thermal Run-away),是电流烧毁中一种常见形式。为了防止热偏移的发生,需要在晶体管的基极端或者发射极端加入镇流电阻。镇流电阻的存在,使在电流变大的过程中,阈值电压(V_{BE})减小,防止电流的进一步增大。

进行电压设计时,对于电压防护,一般采用在末级晶体管集电极并联放置二极管串的方式进行稳压,使输出摆幅稳定在二极管串的开启电压。在电压防护电路设计中需要注意的是,一定要保证防护电路放置位置的对称性,确保所有器件的电压摆幅得到保护。

由于PA可靠性难以靠仿真来准确设计,PA设计完成后,必须通过完整的强壮性测试,来确保PA的可靠性。完整的强壮性测试环境如图3-69所示。

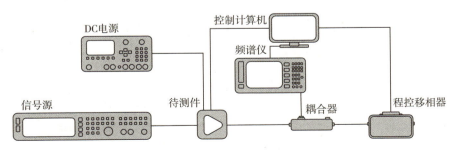

图3-69 强壮性测试环境

影响强壮性的因素很多，常见的有功率、电源电压、驻波比、温度等。以上测试项需要交叉组合，确保在任意条件下，PA均不会有强壮性问题。由于半导体器件的最大击穿电压BV_{CEO}随温度降低而降低，PA增益随温度降低而升高，通常强壮性测试最恶劣的点发生在低温。所以，一般在低温下，最大输入功率、最高电压、最大驻波比，为强壮性最差条件。

虽然合格的PA在出厂前，进行了完整的强壮性测试，但在应用中仍然需要对应用环境加以注意，确保强壮性在应用中得到保障。应用中需要的主要保障如下：

- 适当控制电源电压。PA在低电压应用时，有较小的电压及电流摆幅，PA的强壮性将得到较好的保障。所以在应用中，适当控制电源电压，尽可能使用较低的电源电压，有助于提升器件的强壮性。

- 适当控制输出功率。在大功率输出时，PA输出将有更大的电压电流摆幅。在应用允许范围内，适应控制输出功率，将有助于强壮性提升。

- 注意电源完整性及信号时序。手机是一个相当复杂的系统，涉及多个模块之间的联动。在应用中，需要着重注意电源完整性（是否有过高的电压脉冲）、偏置控制信号的时序、输入信号的大小及时序，来确保PA是工作在正常的状态。

PA的强壮性设计是一个复杂工程，与器件物理、电路设计、系统应用均相关。在PA设计中，一定要对强壮性仔细设计，才可以确保手机在各种环境应用中，均不会出现"烧片"。

PA 自激是怎么回事

自激译自"Self-Oscillation"，是指电路在非激励的频率下，自我产生周期性信号并维持的现象。自激的发生一般是因为电路环路不稳定，在某个频率产生振荡。所以自激问题又叫稳定性问题或振荡问题。

PA作为射频系统里输出功率最大、增益较高、应用环境最复杂的器件，是系统中最易发生自激的电路模块。在大功率PA中，一些自激有可能产生不可控的大功率及大电流，进而烧毁PA，造成强壮性问题；即使一些自激现象轻微，不至于使器件损坏，但这些杂散会恶化射频系统的收发性能，也需要避免。图3-70为一个典型的PA自激。

自激并不是半导体PA的特有现象，而是伴随着有源电路的产生一直存在的。早在100年前的真空管时代，稳定性问题就已经得到了重视并引发科学家开展研究。对于射频电路设计者来说，自激并非一直是"噩梦"，如在VCO设计中，就需要建立起稳定的自激，来产生需要的本振信号。根据产生的原因，主要可以将自激分为如下两类：

- 线性自激。
- 非线性自激。

线性自激是指由于耦合、正反馈等线性耦合回路引起的环路自激，一般的低频振荡、高频振荡均属于线性自激。非线性自激是指由于器件的非线性引起的自激，一般分为谐波自激与次谐波（半频、1/3频等）自激。这些自激的发生与器件的特性随参数变化而变化有关，所以又被叫作参数振荡（Parametric Oscillation），参数振荡在过去50年里也被广泛研究。

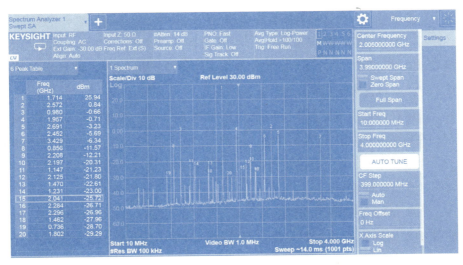

图3-70 PA自激（主频输入为1.714GHz，其他为杂散信号）

线性自激产生的原因是环路发生了正反馈，一般的分析方法有环路分析法、负阻分析法、S参数网络分析法等。

环路分析法是分析反馈环路，看是否存在环路增益大于1的现象。负阻分析法是分析发生自激部分电路的阻抗，如果是负阻，代表在产生能量；如果负阻的负载阻抗小于负阻阻抗的绝对值，则将发生自激。S参数网络分析法是利用S参数的方法，进行稳定性分析。

当满足振荡条件时，白噪声在环路中不断被放大强化，产生自激。因为白噪声在所有频率范围均存在，所以一旦某个频率点满足振荡条件，均会发生自激。

在规避线性自激时，可以从设计和应用两方面入手。

在进行PA设计时，需要对自激问题做仔细排查与规避。由于射频PA环路复杂，较难采用环路分析法进行分析，一般通过S参数网络分析法进行分析并得到网络的稳定性系数与稳定圆。S参数网络分析法在教科书中均有详细讨论，在此不做过多赘述。

需要注意的是，通过S参数网络分析法进行稳定性分析有以下限制：S参数是基于小信号的参数，所分析出来的稳定性是在小信号状态下的稳定性。S参数网络分析法依赖模型的准确性和完备性，如果在模型中没考虑耦合路径，会使分析结果产生偏差。经过S参数网络分析法分析后，会得到稳定系数和稳定圆，在设计中一般需要保证稳定性系数大于1，即绝对稳定，此时输入、输出稳定圆与Smith圆图无交点。

如果在设计中发生稳定性系数小于1的现象，那么需要在设计中进行规避。在链路中增加损耗性器件是一种常见的设计方法。在增加损耗性器件时，需要根据不稳定的特性进行设计，尽量有效地解决稳定性问题，并且尽量少地影响射频性能。

图3-71为典型的稳定性改善电路，不稳定区域在Smith圆图左侧，此时在输入端串联电阻最为有效，而并联电阻并不能有效改善此电路的稳定性。

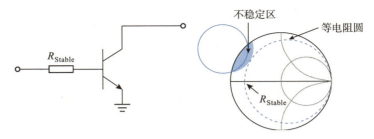

图 3-71 典型的稳定性改善电路（增加链路损耗）

损耗型网络也可以设计成带有频率响应来针对性地改善某个频段的稳定性，同时不对其他频段的射频性能产生影响。图 3-72 所示为改善低频段稳定性和高频段稳定性的典型电路。

线性自激一般是由信号的耦合产生正反馈引起的，如果耦合发生在应用侧，则可以通过应用侧的方法进行规避。

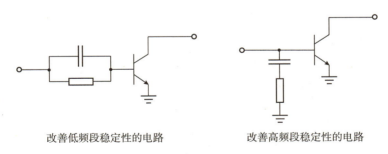

改善低频段稳定性的电路　　　　改善高频段稳定性的电路

图 3-72 改善低频段稳定性的电路和改善高频段稳定性的电路

在应用侧常见的信号耦合路径有通过电源线引起的低频耦合，通过信号线引起的高频耦合，以及由于接地不良引起的共模耦合。

在低频段，一般每降低 10 倍的频率，晶体管的增益会提高 10dB，晶体管在低频段有极高的增益，如果在应用中处理不好低频信号，会在低频发生振荡。低频信号耦合的最主要通路是电源线。由于电源的馈电和去耦网络的低通特性，如果去耦不充分，则电源处有大量被放大的低频噪声信号耦合，当这种信号反馈到前级时，将有可能发生振荡。如果发生低频振荡，那么需要仔细检查电源处的去耦电容是否使用得当，是否存在将多级电源拉在一起的现象。规避的方法是仔细设计去耦电容，必要时可利用去耦电容的自谐振特性，构建某个频率点的陷波特性；并且尽量区隔不同级的电源线，可在不同级电源线间串接电感增加隔离。电源引起的低频耦合路径及其规避如图3-73所示。

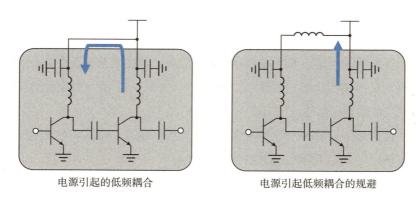

电源引起的低频耦合　　　　电源引起低频耦合的规避

图3-73　电源引起的低频耦合及规避

对于非接触射频走线，一般频率越高，耦合越明显。对于高频信号，需要避免因为空间耦合引起的信号正反馈。对于应用中常用的微带线结构，耦合传输线的等效模型如图3-74所示。不同传输线间的耦合等效为并联电容。

接地不良也有可能发生振荡。在手机应用中，PA一般是采用多颗晶圆，在基板上进行系统级集成实现的。基板上的接地通孔的存在，使得PA模组电路存在共模电感。如果在应用中发生接地不良，将会增加共模电感的感值，进而增加模组内部的信号耦合。在规避上，需要确保模组芯片接地良好，降低共模电感值。接地良好与接地不良引起的共模耦合如图3-75所示。

在PA发生振荡时，除了可能发生上述线性自激，还有可能出现半频、1/3频的非线性自激。由于PA本身就是一个非线性器件，PA的输

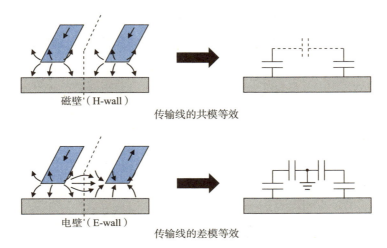

图 3-74 耦合传输线的等效模型

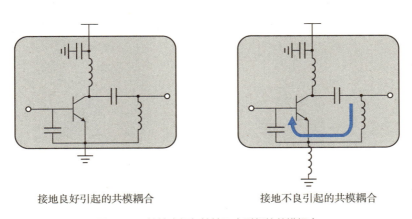

图 3-75 接地良好与接地不良引起的共模耦合

出信号本身比输入信号多了大量的非线性分量。由器件的非线性引起的自激称为非线性自激,非线性自激分为两类,分别是谐波自激与次谐波自激。

谐波自激是指输出信号产生谐波频率的分量。由于谐波能量稳定,频率可控,可通过滤波器进行滤除,并且不会对主信号能量产生明显影响。谐波自激一般并不作为自激问题进行分析和处理。次谐波自激是指发生在信号次谐波（半频、1/3频等分数频）的自激。次谐波自激发生的频段可能是有用频段，并且一旦发生，可能对主信号质量造成影响，是需要在设计中规避的自激问题。以下将对次谐波自激进行详细讨论。

次谐波自激作为一种特殊的自激现象，一直得到广泛关注。但由于其形成原因复杂，较难分析，一直没有清晰、简单的模型进行讨论。目前对次谐波自激的分析主要从两个角度进行，分别是器件角度和系统角度。

从器件角度分析：Imbornone等在1997年发表的文章里指出，PA设计中半频振荡与BJT器件的基极电荷存储相关。Penfield等人在1962年对变容二极管的次谐波产生做过讨论。由于器件侧机理复杂，这种分析方法还没有在PA设计中得到广泛应用。

从系统角度分析：R. L. Miller等于1939年发表论文，讨论再生分频器的设计。他们将主频信号与半频信号放在混频环路中进行分析（见图3-76），非线性器件产生混频增益，当混频增益与反馈回路共同引起的环路增益大于1时，将产生半频信号。

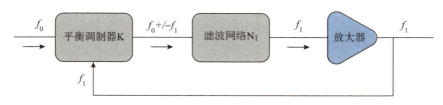

图3-76　R. L. Miller 等于 1939 年对半频信号的分析

R. L. Miller利用这种特性，设计了产生半频信号的分频器。业界称此种分频器为"再生分频器"（Regenerative Divider），同时也叫Miller分频器。R. L. Miller应用于Miller分频器的方法同样可用于分析半频振荡：当PA中的非线性元件HBT在半频混频增益过大，同时存在较大增益的半频反馈回路时，将可能发生半频振荡。

了解次谐波自激产生的机理之后，可对次谐波自激进行规避。规避次谐波自激的方法有两个，分别是降低混频增益及增加反馈损耗。

次谐波自激由谐波混频引起，可减小混频增益，切断次谐波与主频的混频。PA作为非线性器件，其混频增益与偏置点相关。混频增益在某个区间存在最大值，若半频振荡发生，可以适当增加或减小偏置，改变HBT器件的混频增益。

另外一个改善次谐波自激的方法是增加次谐波点的路径损耗，从而减少环路增益。对于半频振荡，可以针对半频频点，在链路中针对性地加入损耗性网络，打破半频的起振条件。典型的针对半频的损耗性网络如图3-77所示。

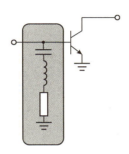

图3-77　谐振于半频频率的损耗性网络

一般次谐波自激的发生是由芯片内部器件的非线性引起的，在大多数情况下，半频或其他次谐波频率的耦合路径也存在于芯片内部，若内部配置不改变，一般较难通过应用侧来解决。若在应用中发生如半频振荡、1/3频振荡的次谐波自激现象，建议联系PA原厂寻求解决方案。

一旦确认是自激问题，就需要花费大量的资源进行实验。发生杂散不一定是发生了振荡，还有可能是带外干扰信号，所以一定要准确判断是否发生振荡：

• 如果看到的只是干净、稳定的少量毛刺，且不随PA的功率、偏置变化而变化，那么有可能是空间干扰信号或射频收发机干扰信号，不是发生振荡。

• 如果看到噪底整体抬高，出现不高的鼓包而不是毛刺，那么需要检查是不是输入噪底经过PA放大后产生的。

• 为了减少干扰，PA输入端需要串接滤波器，滤除输入带来的带外杂波。

在实际应用中，自激问题并不如理论分析中那样容易判断，而且自激发生后，通常是产生众多毛刺，让人分不清究竟是低频振荡、高频振荡还是半频振荡。不过从经验上来说，总是可以找到最主要的振荡来源的——找到最主要的振荡来源对后续的分析与解决也是非常有必要的。一般在进行判断时可以采用以下方法：

- 如果是众多毛刺，那么从最高的 5~10 根毛刺看起。
- 以 MHz 为单位，变换 5 次以上主频的频率，记录几根毛刺的频率变化。
- 根据毛刺的频率变化，分析哪根毛刺是振荡产生的，哪根毛刺是混频产生的。
- 确定振荡毛刺之后，根据其振荡频率，进行改善与规避。

自激问题成因复杂，不易分析，在分析过程中一定要大胆假设，细心求证。

射频 LNA：轻盈又细腻

LNA 是 Low Noise Amplifier 的缩写，中文名称为低噪声放大器，简称为低噪放。LNA 通常位于射频接收链路的前端，一般是接收链路的第一级有源模块（见图 3-78）。LNA 的作用是，在尽可能少地影响接收机噪声系统的前提下，将微弱的射频信号进行放大。LNA 的核心功能是，放大微弱的射频信号，来抵消接收射频信号在空间传播过程中的巨大损耗，从而提高接收机的灵敏度，保证可接收信号的动态范围。LNA 就像是一位灵巧细心的刺绣姑娘，仔细地将一丝丝的微弱的信号巧妙地穿过画布，形成有用的多彩信息。

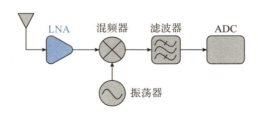

图 3-78　LNA 在系统中的位置

与其他放大器的区别

LNA也是众多放大器中的一种，放大器所关注的增益、功率等特性，LNA都需要关注。LNA最大的特殊性在于其对噪声系数的关注。

噪声系数是衡量放大器本身噪声水平的一个参数，它越小，说明放大器引入的噪声越小，对信号的损害越小。一般射频LNA的噪声系数在1~3dB，而其他放大器的噪声系数可能高达10dB以上。

噪声系数的英文名称是Noise Figure，缩写为NF，其定义为输入信号的信噪比除以输出信号的信噪比。信噪比是信号强度与噪声强度的比值。通过噪声系数的定义可以看到，噪声系数定义的是信噪比恶化的程度。例如，一个LNA的噪声系数是1dB，就代表经过LNA之后，信号的信噪比恶化了1dB；如果一个LNA噪声系数是10dB，就代表信号经过LNA后其信噪比恶化了10dB。

有关噪声系数，需要说明的是，由于任何实际的放大器都会有一定的内部噪声，这些噪声会与输入信号叠加，造成输出信号的信噪比恶化，所以输出信号的信噪比一定会比输入信号的信噪比差。LNA只是尽可能地让信噪比的恶化小一些，而不是将输入的噪声完全消除。所以即使在LNA中，噪声系数也在0dB以上，输出信号的信噪比要弱于输入信号的信噪比。

除了噪声系数，LNA的增益也是一个重要指标。与其他放大器增益只是用来反映信号的放大倍数不同，LNA的增益还用来对后级电路的噪声进行压制。由于接收链路的一个重要目标是将接收端微弱的信号进行放大，所以前级LNA的作用，不仅要尽量小地添加噪声，保持信号的信噪比，还要将信号尽量地放大一些，达到后级系统可以良好处理的范围，以使后级系统不再对噪声系数进行苛刻的设计，减少后级系统设计的难度。

从多级系统噪声系数级联公式可以看到，系统整体噪声系数与第一级噪声系数有关，也与第一级增益有很大的关系。LNA增益提升之后，后级的噪声系数贡献降低，就好像LNA用其增益"压制"住了后级噪声。所以LNA的增益设计也比较重要。在一般设计中，LNA的增益需要设计在10dB以上，才能使整体噪声系数不受大的影响。有一些在线的小程序可以实现链路计算功能，在实际设计时，可以采用链路计算的方式，评估不同LNA增益对系统性能的影响。

LNA还需要考虑最大输入功率指标，和PA等放大器首要关心输出信号的大小不同，LNA负责的是保证信号的高动态范围。动态范围是指输入信号的功率范围，它有两个极限点，分别是最小功率及最大功率。在最小功率的保证上，是由LNA的噪声系数及增益决定的，而LNA的线性度指标，就要体现出LNA能承受的最大输入信号是多少。LNA的最大输入功率指标一般由IP3（三阶交调）、P1dB（1dB压缩点）来决定。

在LNA设计中，保证优秀的噪声系数和大的输入功率范围是一对矛盾，对于接收系统，接收信号变化范围有可能达80dB，也就是最大功率与最小功率之比为10^8，最大信号与最小信号差别达上亿倍之巨。如此巨大的动态范围在LNA设计中很难做到噪声、功率性能兼具。于是在LNA设计中会采用多级增益的方法，在输入信号较弱时，采用高增益模式，这时LNA有好的噪声性能及高的增益，来使信号信噪比得到最大化的保障，因为功率较小，所以在输出功率的性能方面就可以做折中；在输入信号较强时，因为信号质量足够好，这时就可以舍弃对信号信噪比的过分苛求，而是把注意力转移到输出功率的保证上来。

系统设计对 LNA 尤其重要

LNA位于接收系统的最前端，负责将空中的信号接收至系统内部进行处理。LNA的功能是进行内外信号的承接与转换，起重要的承上启下的作用，所以LNA的系统设计尤其重要。虽然PA在发射链路中也处于内外交互的界面上，但系统对PA的要求只有一个，即将信号以目标功率需求发射出去。具体信号的处理、接收、放大等，由对面接收的LNA负责。PA就像一个大嗓门，把话喊出去就行了，LNA像人的耳朵，需要仔细地收听信号，将信号传递回来，所以"耳朵"和"人脑"等其他"神经器官"的配合就尤其重要。

重要性主要表现在三个方面，分别是LNA决定了系统指标、LNA需要与后级系统联动配合、LNA输出的信号需要达到后级系统电路处理要求。

在LNA决定系统指标方面，前面已经讨论过LNA对动态范围的最大功率、最小功率的影响，并讨论了LNA可以通过多级多挡位的设计，来进行大动态范围的覆盖。但在多挡位工作过程中，需要LNA和整个系统联动，进行完美配合，才可以达到不同挡位之间的完美控制。一般LNA挡位设计有6个甚至更多挡位，这需要根据收发机系统来确定。在系统指标中，会严格定义LNA不同挡位的增益、噪声系数，不同挡位切换时增益变化的范围，以及切换时间等。这些指标都是为了让LNA和整个接收系统有完美的协同。

LNA的功能是进行内外信号的承接与转换，所以经过LNA放大的信号是否满足需求尤其重要。除了满足信号幅度、噪声系数等需求，LNA还需要注意对干扰信号和失真信号的处理，来保证进入接收机系统的信号可以得到后级系统电路良好的处理。

总体来说，LNA是信号进入接收机系统的门户，需要和整个系统进行细腻、充分的良好互动，才能成功地实现信号的完美接收。

射频开关：简约不简单

在手机和其他通信设备中，有个小小的射频器件，在以每秒近千次的频率快速切换，帮助你享受到高速、低延迟、高清晰度的通信服务。这个小器件就是射频开关（RF Switch）。

射频开关是能够让手机的射频信号在不同通路之间切换的器件，它像桥梁一样，不断将信号通路进行连接或切换。射频开关应用的范围很广泛，在2G、3G、4G、5G蜂窝通信系统、Wi-Fi、蓝牙、GPS等系统中，均是不可或缺的器件。

和家里的电灯开关一样,对于射频开关来说,只有"开启""关闭"两种状态,功能非常简约。但这种简约的功能背后,却隐藏着复杂而精妙的设计思路,以及不简单的技术挑战。

射频开关:功能简约

正如其名称一样,开关的功能就是"开启"和"关闭"。射频开关也不例外,射频开关是工作在射频频段的开关,其功能就是控制射频信号的"通"与"断"。目前手机中应用最广泛的是半导体器件开关,如RF-SOI开关、pHEMT开关等。这些半导体开关的功能与普通的电气开关相同,符号表示也一致(见图3-79)。在射频系统中,射频开关扮演的角色也是控制信号的开与关。射频开关的主要功能有:

- 频段选择:使信号在多个不同的射频通路间切换。
- 收发切换:在TDD(时分双工)系统中,完成接收与发射的切换。
- 天线切换:在多天线系统中,使信号在不同天线间切换。

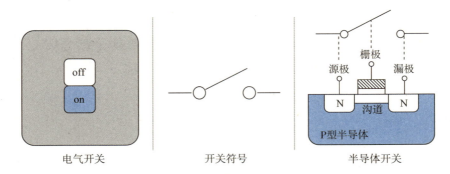

图 3-79　电气开关、开关符号与半导体开关

开关有两种工作状态,分别是"开启(on)"和"关闭(off)"。对于使用半导体晶体管制作的开关来说,晶体管在on状态可近似等效为一个电阻,这个电阻的阻值就被定义为R_{on};晶体管在off状态时可近似等效为一个电容,

这个电容就被定义成 C_{off}。这就是衡量开关本征性能的两个最重要参数——R_{on} 与 C_{off} 的来源。在 on 状态下，由于 R_{on} 是串接在射频通路中的，所以 R_{on} 就决定了开关损耗的大小；在 off 状态下，C_{off} 的存在会造成信号的泄露，所以 C_{off} 决定了开关隔离的大小（见图 3-80）。R_{on} 与 C_{off} 两个参数都是越小越好。

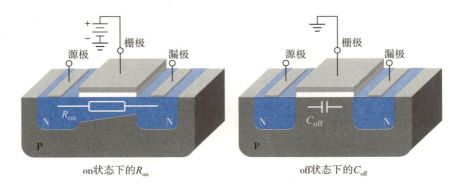

图 3-80　on 状态下的 R_{on} 与 off 状态下的 C_{off}

在晶体管作为开关的设计中，还有一个非常有意思的特性，即 R_{on} 与 C_{off} 的乘积是定值。理解起来也比较直观：当设计中想要用多个晶体管并联来实现低的串联电阻时，R_{on} 会呈倍数的减小，但因为是晶体管的并联，这时 C_{off} 却会呈倍数的增加。二者的乘积始终不变。

这一特性也使得 $R_{on} \cdot C_{off}$ 成为衡量开关特性的简约衡量指标，评价一个工艺作为开关使用的优劣，不论取什么尺寸的晶体管，只需要将其 R_{on} 与 C_{off} 相乘，就可以得到其特性参数。图 3-81 为不同 RF-SOI 工艺的对比，可以看到，不同工艺的 R_{on} 与 C_{off} 乘积会有不同，大致在 115fs 至 165fs，但相同工艺下的多种器件得到的乘积基本相同。由于 R_{on} 与 C_{off} 乘积决定了开关插损与泄露能量的大小，所以在设计低插损、高隔离开关时，应尽量选择低 R_{on} 与 C_{off} 乘积的半导体工艺。

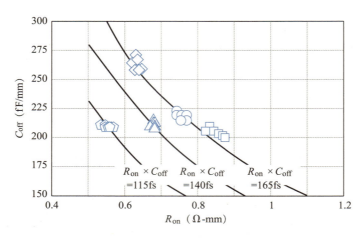

图 3-81 不同工艺的 R_{on} 与 C_{off}

射频开关：做好不简单

虽然对于一个射频开关来说，功能、应用评价都非常简单、直观，但想要将开关做好却并不容易。主要原因在于，射频系统越来越复杂，对于具有"架桥铺路"功能的射频开关也提出了越来越高的要求（见图3-82）。

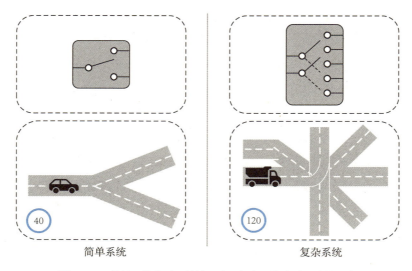

图 3-82 简单系统中对开关的要求和复杂系统中对开关的要求

- 发射通路上的开关必须承载大功率的通过。
- 切换速度要足够快。
- 在复杂系统下，开关的"刀"和"掷"数目激增。

这就像是将原来只负责通过时速40千米的小车的一分二岔路口，变成大型立交桥，并且还需要保证重型大车以时速120千米的速度快速通过。这对"立交桥"设计提出了极高的要求。

在大功率处理中，对射频开关设计进行了卓有成效的改进。至2023年，全球手机市场所用到的射频开关主要集中于SOI与MEMS两种工艺，并且SOI是绝对的主流工艺。除了MEMS，可以用于手机的工艺还有很多，如半导体工艺中的GaAs pHEMT、GaAs FET等，这些工艺在卫星通信等领域有广泛应用。另外，普通CMOS工艺也可以用于低频、高插损的开关设计。SOI工艺之所以能够从这些工艺中胜出，是因为SOI开关具有如下重要优势：

- 低插入损耗：SOI开关具有低阻抗和低电容，可以减少RF路径中的信号衰减和功耗。
- 大带宽：SOI开关可以在很宽的频率范围内工作，从9kHz到44 GHz甚至更高，这使它们能够支持多种标准和频段。
- CMOS兼容的正极控制接口：SOI开关可以与CMOS逻辑电路轻松集成，并由正电压信号控制，这简化了设计并降低了成本。
- 坚固的静电防护（ESD）：SOI开关可以在所有管脚上设计具有高ESD耐受性电路，这增强了RF系统的可靠性和耐用性。

与SOI开关相比，GaAs pHEMT开关虽然具有良好的线性度和隔离度，以及低的通态电阻和截止电容。但它们需要负的栅极电压、有限的集成能力和低的ESD保护，并且GaAs pHEMT工艺价格高，不利于低成本规模应用。这些都使SOI工艺在可以实现射频开关后，迅速取代GaAs pHEMT等工艺。

但SOI工艺在射频开关领域的应用路径也并不顺利，SOI工艺需要解决的首要问题就是功率问题。对于手机来说，发射通路中的功率一般在1W量级，对于50Ω系统来说，射频摆幅会到10V以上，考虑负载变化带来的影响，这个电压甚至可能会超过20V。而SOI工艺中的MOSFET器件击穿电压只有2V左右，功率耐受在最初的时候成为SOI工艺在手机开关应用中的最大问题。

但这并不是技术不可以解决的问题，一些领先厂商的工程师进行了尝试。2015年，Peregrine公司的工程师Dylan Kelly等成功利用蓝宝石上硅（Silicon on Sapphire，SOS）工艺，采用叠管技术，支持了高的电压摆幅，制造出可以满足手机GSM应用的6T射频开关，并且性能足以与GaAs pHEMT媲美。由此拉开了SOI工艺设计手机射频开关的序幕（见图3-83）。

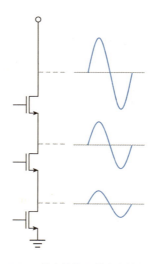

图3-83　SOI工艺中依靠叠管来支撑高的电压摆幅

采用叠管之后，虽然在串联使用时，on状态下的电阻R_{on}会倍数级增加，但off状态下的C_{off}寄生电容会同倍数减小。所以可以采用增大晶体管面积的方式，使R_{on}减小至原来的值，这里C_{off}也增加至原来的值。R_{on}与C_{off}的乘积依然保持不变，射频开关的损耗与隔离特性并没有受到影响。耐压增加又不影响射频性能，叠管设计这一方法瞬间在射频开关应用中普及开来。

需要说明的是，以上分析均是假定开关的几个叠管之间可以完美地将功率进行均分，但在实际设计中，想要控制电压均匀分布也不是易事，需要仔细设计偏置电路，并将寄生效应完整考虑进来。否则虽然设计上进行了叠管设计，但很有可能对于应对大功率无济于事。如果在大功率方面处理得不好，很有可能使开关烧毁，造成不可恢复的可靠性问题。

解决了开关的功率耐受问题之后，还需要解决开关切换速度的处理问题。为了实现更优的射频体验，5G引入了很多新特性。如更灵活的子载波配置、天线轮发系统等，这些功能都对开关的切换时间有了进一步要求。在4G时代，开关切换时间的设计目标一般在2微秒（μs）左右，但在5G系统中，开关切换时间的设计目标是0.5微秒以下。

快速切换给开关设计提出了很高的要求。在开关设计中，切换速度的提升主要通过在偏置电路中的优化实现。例如，可以通过以下方式来提升开关切换的速度：

- 优化控制逻辑拓扑结构，简化控制路径。
- 提升控制电路驱动能力，快速实现控制信号的切换。
- 优化偏置电路，缩短控制信号充放电时间。

为了实现更快的开关切换速度，一些创新的方法也被引入进来。例如，有文献提出，在开关切换的过程中，可以将偏置电阻暂时切除，以达到快速控制切换的目的。在切换完成后，再将偏置电阻补充回来，保证射频性能不受影响。采用这种方法，可以完成0.35微秒切换时间的5G开关设计。偏置电路的优化需要结合射频性能进行，速度的提升需要建立在射频性能尽量不受影响的基础上。

另外，开关还需要处理复杂架构的问题。在从"岔路口"到"立交桥"的演进过程中，开关的拓扑结构越来越复杂，由此也带来一系列的设计问题，如其他支路的寄生处理、多支路之间的耦合、多通道同时开启的相互影响等。这些问题都给5G手机开关带来挑战。

开关一般用"刀"和"掷"来定义架构。刀的英文名称是Pole，缩写为P，指开关中的活动刀轴；掷的英文名称是Throw，缩写为T，指开关的活动刀头可以通向的触点数目。例如，1P2T开关，指的就是开关有1个活动刀轴，可以通向2个通路；2P6T，指的就是开关有2个活动刀轴，可以通向6个通路。在日常开关使用中,"1"也被称为Single,"2"也被称为Double,以1P2T与2P6T开关为例子,日常也被称为SPDT与DP6T(见图3-84)。

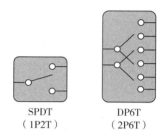

图3-84　SPDT与DP6T开关

在复杂射频系统中,开关拓扑主要会被扩展为多T、多P与多通三种类型(见图3-85)。

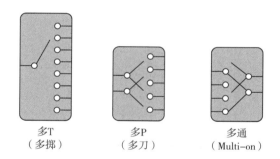

图3-85　复杂射频系统中的开关架构

多T是指开关有非常多的输出口。在使用中,同一时刻只有一个开关开启,但其他关闭状态的开关都是寄生的电容负载。在多T开关的设计中,为了减少过多关断开关对导通支路寄生电容的影响,同时增加隔离度,可以采用将多T开关分组的方式进行设计。图3-86中SP16T开关分为四组,分别为GSM、LTE1、LTE2与Rx,在减小互相之间影响的同时,可以有针对性地对不同需求进行设计。

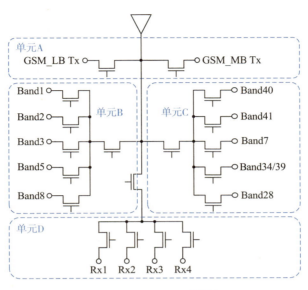

图 3-86 SP16T 开关设计

多 P 是指开关有多个活动刀轴。与机械开关多放置几个活动刀头就可以解决问题不同，半导体开关必须通过通路矩阵的方式依靠拓扑来实现。以 DPDT 开关为例，图 3-87 所示为其中一种实现方式。可以看出，与 SPDT

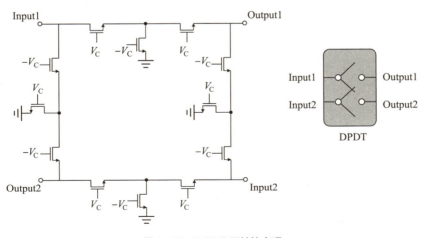

图 3-87 DPDT 开关的实现

开关相比，其通路数目增加一倍。如果开关的P数与T数进一步增加，开关设计复杂度也会呈指数级增加。

多通（Multi-on）是指开关的两个或两个以上支路可以同时打开。采用多通是由于手机载波聚合（Carrier Aggregation，CA）及4G/5G双连接（LTE/NR-Dual Connection，EN-DC）需要两个射频通道同时工作，所以就需要开关支持多通功能。开关的双通道打开也对开关提出了新的要求，需要开关可以处理好两个频段之间的干扰问题，同时还需要使两频段间的工作状态尽量少地相互影响。

在射频前端的"四大金刚"中，和PA、LNA、滤波器比起来，射频开关看起来是最简约、最常见的器件，也经常被人们认为是最简单的射频器件。但射频开关也是应用场景最为复杂的器件，不管是在复杂射频系统中，还是在射频通路切换中，都可以看到射频开关的身影。在不同系统需求下，对开关的要求也是千差万别的。要应对好不同场景下的需求，开关设计并不简单。

随着5G的到来，射频前端系统越来越复杂，射频开关也在5G系统构建中大显身手。随着对射频性能要求的提升，以及未来6G的到来，射频开关应用会更加广泛。在开关设计和应用中，需要了解开关的应用场景，有的放矢，选择合适的开关设计。

高冷的滤波器

滤波器是射频前端"四大金刚"之一，也是射频中重要的模块之一。顾名思义，滤波器的主要功能是"滤波"，即通过有用信号，阻挡干扰信息。射频滤波器可以选择性地通过或阻止一定范围的射频信号，实现信号的分离、干扰抑制等功能。

在射频通信系统中，"频谱"是非常宝贵且拥挤的资源。除了与我们生活息息相关的5G、4G、Wi-Fi、GPS及蓝牙信号，还有通信卫星、军用卫星及气象监测等信号。在现实生活中，无线信号无处不在，所以，就需要射频"滤波器"将无用信号处理干净。

在射频前端系统中，滤波器的功能如下：在用于发射时，滤波器可以将有用信号从众多噪声信号中过滤出来（见图3-88）；在用于接收时，滤波器可以将有用信号之外的干扰信号过滤干净（见图3-89）。

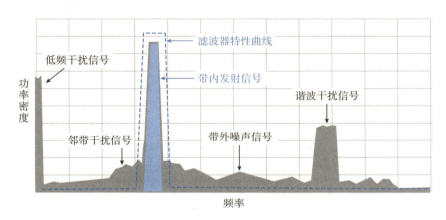

图3-88 发射通路的滤波器特性

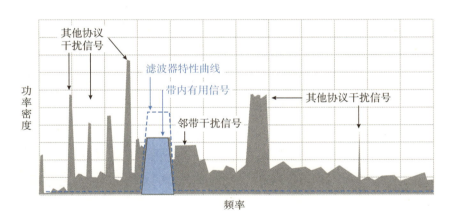

图3-89 接收通路的滤波特性

滤波器的主要衡量指标

滤波器的核心功能是通过特定频率信号抑制带外信号，所以滤波器的主要指标有中心频率、带宽、带内插损、带外抑制（见图3-90）。同时，将滤波器放置在发射通路时，还需要考虑其功率耐受特性及温度特性。

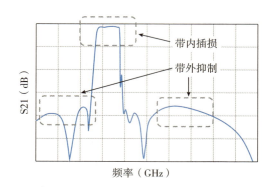

图 3-90　典型的滤波器频率响应示意

中心频率和带宽是滤波器最主要的参数指标。带通（带阻）滤波器的中心频率是指通带（阻带）的中心频率，带宽是指通带（阻带）最高频率与最低频率之差。滤波器作为选频器件，中心频率及带宽是其基本指标。滤波器通常也是根据工作频率而分类的，如B40、B3、B8、n41、n78滤波器等，就是指工作在相应频段的滤波器。滤波器的带宽一般根据3GPP的标准规范确定。例如，按照3GPP的规定，B3的发射频率在1.71~1.785GHz，接收频率在1.805~1.880GHz，于是B3的发射滤波器和接收滤波器就需要分别覆盖75MHz的带宽。

插损也是滤波器的重要指标，它反映了滤波器对有用信号的衰减程度。发射滤波器位于PA输出端，在PA输出功率相同的条件下，滤波器的插损越小，整个模块的输出功率就越大；同理，在模块发射功率相同的条件下，滤波器的插损越小，也就意味着需要PA输出的功率越小，PA的功耗就越低，模块就更省电。接收滤波器位于LNA之前，其插损直接决定了对接收链路噪声系数的贡献，插损越大，系统噪声系数越大。在其他条件不变的情况下，减小滤波器插损，可以有效提高系统接收灵敏度。

滤波器的阻抗特性是指滤波器的输入输出阻抗，收敛性是指阻抗随频率变化的程度（见图3-91）。阻抗及收敛性直接影响滤波器的输入输出反射系数。滤波器的阻抗需要与外部电路匹配，越接近外部电路阻抗，对有用信号的反射越小，带内插损就越小；阻抗越收敛，带内波动就越小。另外，滤波器阻抗还会影响系统其他部分。如在发射链路中，滤波器位于PA输出端，PA设计时为了达到最大输出功率，会采用负载牵引的方法得到最佳输出阻抗。当滤波器阻抗偏离50Ω时，会造成滤波器与外部电路之间，以及滤波器与开关之间的反射增加，链路插损增加；还会造成PA输出端的阻抗偏离最佳输出阻抗，PA最大输出功率减小。以上问题会导致发射链路输出功率减小，使系统性能下降。

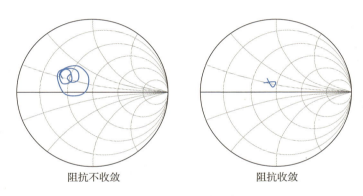

阻抗不收敛　　　　　　　　　阻抗收敛

图 3-91　阻抗的收敛性

带外抑制是指，滤波器对通带以外的信号的衰减能力。使用滤波器进行带外抑制的原因如下：在发射通路中，为了保证手机等终端能够正常工作，降低各频段间的干扰，3GPP对终端发射通道的带外抑制指标提出了一系列要求，包括对谐波、互调等非线性分量的抑制，以及CA/EN-DC场景下多频段共存的带外抑制指标等。由于PA本身对带外的抑制能力不足，所以需要在输出端加滤波器使最终的带外抑制指标符合3GPP规范。在接收通路中，射频系统在接收时，来自外界或自身产生的干扰信号会导致接收端出现灵敏度恶化。为了避免或降低灵敏度恶化，就需要滤波器对那些能够引入带内噪声的干扰进行抑制，具体要求就反映在带外抑制的指标上。

滤波器的工作频率会随温度的变化产生漂移，该特性称为温漂。温漂特性会使滤波器通带产生偏移，影响通带的插损大小，尤其是通带边缘位置的插损大小及带外抑制度，如图3-92所示。

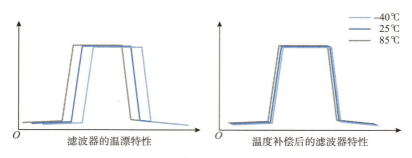

图 3-92　滤波器温漂特性

在图3-92中，在同样的指标要求下，左图温漂较大，通带和阻带的一部分在高低温下已经不满足指标的要求。经过温度补偿处理后，右图温漂较小，高低温下均满足指标的要求。在进行滤波器设计时，需要尽量减小温漂，适当拓宽通带的范围，减小过渡带范围，保证偏移后的通带仍能覆盖目标频段，带外抑制仍能满足指标要求。SAW滤波器等声学滤波器在不经过温度补偿处理时，其温度系数一般为负值，即高温时整体频率向低频偏移，在使用时需要加以注意。

滤波器对大功率的功率承受能力用功率耐受指标来衡量。发射滤波器位于PA输出端，需要承受PA输出的大功率信号，因此需要对滤波器进行功率耐受指标的评估。在小功率条件下，滤波器输出功率随着输入功率的增加而线性增加，当输入功率到达功率耐受临界点时，滤波器输出功率达到最大，进一步增加输入功率，滤波器将发生暂时或永久损坏，此时插损会大幅增加，输出功率大幅下降。在功率耐受测试中，需要重点关注的是通带高端的功率耐受性能。因为在大功率条件下，滤波器温度升高，通带向低频偏移，造成通带高端插损变大。插损越大，温度越高，会导致通带进一步向低频偏移，从而使通带高端插损更大，温度进一步上升，进而导致器件损坏。

手机射频中的滤波器

目前，5G手机大规模商用的主要是6GHz以下频段。在这部分频段中，根据频率的不同，分为Sub-3GHz与Sub-6GHz两部分。

Sub-3GHz频率位于3GHz频率以下，是原来4G LTE频段的升级重新使用，所以又叫重耕（Re-farming）频段。这部分频段的特点是频谱众多、带宽较窄、较多FDD频段，需要对信号进行精准过滤才能够满足正常通信需求。

Sub-6GHz一般指在3GHz以上、6GHz以下的新频段部分，目前最主要的频段有n77（包含n78）、n79两个频段，这部分频段带宽宽、旁边基本无干扰频段，并且是TDD频段，不需要考虑发射与接收之间的干扰，可以降低对滤波器带外抑制的需求（见图3-93）。

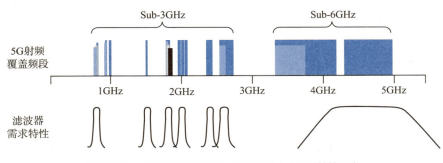

图3-93　5G射频前端的频率覆盖及对滤波器的特性需求

5G射频前端模组中用到的滤波器主要分类如图3-94所示。

LC滤波器是基于电感、电容的频率响应特性来设计的滤波器；压电滤波器则利用材料的压电特性进行设计。在特性上，二者最大的区别就是在带外抑制上的区别。压电滤波器可以做到陡峭的带外抑制，适合于频谱拥挤，对Tx、Rx抑制有需要的FDD频段。

典型的LC滤波器与压电滤波器的频率响应对比如图3-95所示。以TC-SAW滤波器为例，其在±5%的带宽处即可达到30dB以上的带外抑制，而LC滤波器中的LTCC滤波器的带外滚降要平缓很多。不过，LC滤波

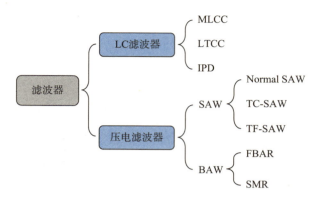

图 3-94　5G 射频前端模组的滤波器分类

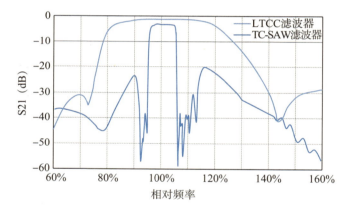

图 3-95　LTCC 与压电滤波器特性对比

器可以做到大的通带带宽，这一点是压电滤波器较难做到的。

LC 滤波器

LC 滤波器是基于电感、电容的频率响应来设计的滤波器。常见的电感、电容电路频率响应特性如图 3-96 所示。

利用多级滤波器的设计方法，就可以设计出给定带宽、中心频率及带内波动的滤波器。在物理实现上，可以采用分立 SMD 器件、LTCC 及 IPD 等工艺实现。

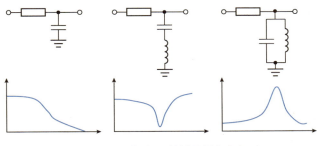

图 3-96 典型 LC 滤波器频率响应

对 SMD 器件、LTCC 器件、IPD 器件的详细讲述,将在后文"默默无闻的无源器件"部分展开。

压电滤波器

压电滤波器(Piezoelectric Filter)是利用材料的压电效应所设计的滤波器。压电材料的特性是可以将电信号转化为机械信号。射频中常用的压电效应是将电信号转化为机械信号中的弹性波信号,在机械信号中进行处理后,再转化为电信号输出(见图 3-97)。由于所使用的弹性波位于声波频率范围内,所以压电滤波器器件又叫声波器件(Acoustic Wave Device)。

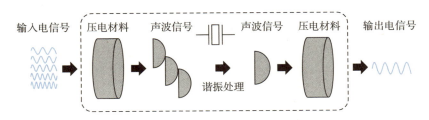

图 3-97 压电滤波器工作原理

在声波器件中,最为常见的有 SAW 和 BAW 两种器件,两者全称分别为声表面波器件(Surface Acoustic Wave)和体声波器件(Bulk Acoustic Wave)。从 SAW 和 BAW 的名字可以看出,二者都是利用了声学特性设计的器件，不过一种是使声波在器件表面传输，一种是使声波在器件"体内"传输。图3-98和图3-99分别为SAW和BAW的工作原理示意。

图 3-98　SAW 工作原理示意

图 3-99　BAW 工作原理示意

压电滤波器的优势是，可以利用声学器件极高的 Q 值，设计出窄带高抑制、低插损的滤波器；其缺点是，必须用到压电材料，与集成电路中的半导体工艺不兼容；并且工艺敏感，对设计和制造工艺提出了高的要求。

在5G手机中，不同滤波器的对比如表3-8所示。

表 3-8　5G 手机中不同滤波器的对比

滤波器类型	特点	类型细分	实现方式
LC 滤波器	·宽带 ·易实现 ·无法形成窄带高抑制	SMD 分立	用分立器件实现
		LTCC	LTCC 一体实现
		IPD	半导体工艺实现

续表

滤波器类型	特点	类型细分	实现方式
压电滤波器	·窄带 ·声学器件实现 ·可形成窄带高抑制	SAW（包含TC-SAW、TF-SAW等）	声表面波器件实现
		BAW（包含FBAR、SMR等）	体声波器件实现

默默无闻的无源器件

射频器件中的无源器件是指在电路中不需要外接电源，通过传输或消耗部分射频能量实现射频功能的器件。常见的电阻、电容、电感等都是无源器件。前文讲到的滤波器，大部分也是采用无源器件构成的。

大部分无源器件不像滤波器这么有名或备受关注，它们通常是一些微小的器件，通过一个或多个组合的方式，共同完成信号幅度、相位的调节，信号的分配、组合，以及信号的匹配、滤波及阻抗转换等。除了滤波器之外，常见的无源器件还有SMD、LTCC、IPD、键合线电感、基板器件等。

SMD 器件

SMD器件的全称是表面贴装器件（Surface Mounted Devices），它是一种采用表面贴装技术（Surface Mount Technology）的电子元件，SMD器件可以直接被焊接在电路板表面，不再需要额外引线，从而节省了空间，提高了电路中器件的密度。SMD器件有多种类型，常见的电容、电感、电阻一般均做成SMD类型，甚至一些集成电路也可以做成SMD类型。在射频的日常应用中，通常将SMD实现的电感、电容、电阻统称为SMD器件。

SMD电感、电容器件一般采用MLCC工艺制成。MLCC是指多层陶瓷电容器（Multi-Layers Ceramic Capacitor），后也用来指代多层陶瓷工艺的所有器件工艺。MLCC由印有金属电极的陶瓷介质膜片叠合，经过高温烧结、端极沾附处理和电镀等工序制造而成。MLCC工艺的工序如图3-100所示。

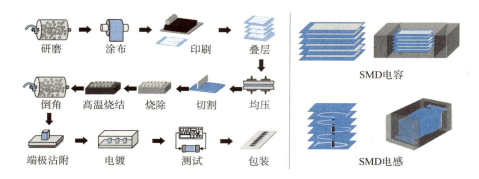

图3-100　MLCC工艺工序

SMD器件有标准的尺寸和封装形式，确保在使用中可以灵活选取使用。对于无源器件，常用的标称名称与尺寸间的对照关系如表3-9所示。需要注意的是，日常使用中的"0201""01005"名称是以英寸为单位的EIA（Electronic Industries Alliance，电子工业协会）名称，而不是以公制为单位的IEC（International Electrical Commission，国际电工委员会）名称。

表3-9　SMD器件的尺寸选择

EIA名称（英制）	尺寸（inch^2）	IEC名称（公制）	公制尺寸（mm^2）
01005	0.0157x0.0079	0402	0.4x0.2
0201	0.024x0.012	0603	0.6x0.3
0402	0.039x0.020	1005	1.0x0.5
0603	0.063x0.031	1608	1.6x0.8
0805	0.079x0.049	2012	2.0x1.25
1008	0.098x0.079	2520	2.5x2.0
1206	0.126x0.063	3216	3.2x1.6
1210	0.126x0.098	3225	3.2x2.5

续表

EIA名称（英制）	尺寸（inch^2）	IEC名称（公制）	公制尺寸（mm^2）
1806	0.177x0.063	4516	4.5x1.6
1812	0.180x0.130	4532	4.5x3.2
2010	0.197x0.098	5025	5.0x2.5
2512	0.250x0.130	6332	6.4x3.2
2920	0.290x0.200	7451	7.4x5.1

除了器件尺寸，SMD器件在使用中还需要关注器件参数、Q值、直流耐压、ESD能力等因素，也需要注意使用环境及机械应力的影响。对于电感器件，还需要关注器件的极性，在放置方向不同时，其感值的变化如图3-101所示。

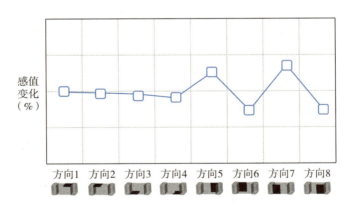

图3-101　电感器件在放置方向不同时的感值变化

LTCC器件

通过MLCC工艺实现的SMD器件虽然做到了小型化，但通常是每个器件采用一种物理器件来实现的。在需要用到多个器件时，就需要将多个SMD在板级上焊接实现，通常面积大，集成度不高。于是，LTCC工艺就被应用到多个无源器件的集成实现上来。

LTCC器件是指使用低温共烧陶瓷（Low Temperature Co-fired Ceramic）工艺制造的电子元件，低温共烧陶瓷工艺是一种将多层陶瓷膜片和金属电极叠合在一起，在略低于1000℃的温度进行烧结，形成具有高密度、高性能和高可靠性的电子模块的方法（见图3-102）。LTCC器件的优点是，因为做了多个器件的集成，所以体积小、重量轻，并且金属厚度较厚，一般在20微米以上，有较好的射频性能。

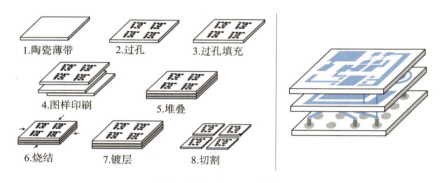

图3-102　LTCC工艺流程

利用LTCC工艺，可以设计制造出多种射频无源器件，如滤波器、匹配网络、功分器、功合器等。

IPD器件

IPD是另外一种实现多器件集成的方法。IPD是集成无源器件（Integrated Passive Devices）的简称，IPD的思路也很简单、直接：既然要做器件集成，为什么要固守在陶瓷工艺上？集成电路工艺也可以实现片上电容、电感，直接拿来做无源器件不是小意思吗？

在这种思路下，IPD器件就被设计出来了。IPD工艺是利用半导体技术，在同一个衬底材料上制造多层无源器件的技术，可以实现如电阻、电容、电感等器件，也可以利用集成特性，实现滤波器、耦合器、匹配网络等系列无源器件（见图3-103）。

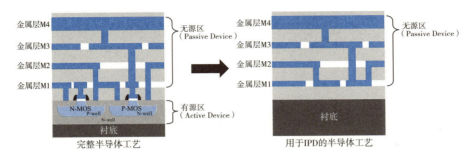

图 3-103　IPD 工艺示意

IPD器件的优势是，借助半导体工艺，大规模应用时有较低的成本。和LTCC器件比较起来，IPD器件金属层较薄，一般在10微米以下，所以射频特性会稍弱一些。但因为半导体工艺的灵活设计性，IPD器件在灵活设计方面有较大的优势。

键合线电感

键合线电感是指在芯片封装、装配过程中，使用金属线做键合时，金属线有电感的寄生特性，可以利用这种电感寄生特性，实现射频电路中对电感的需求（见图3-104）。

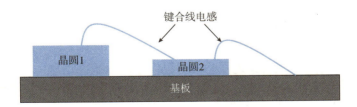

图 3-104　键合线电感示意

在使用键合线电感时，首先需要对键合线电感的感值有准确的把握。键合线电感的感值与键合线的形状和长度强相关，键合线的形状和长度会影响其电感值和频率特性。一般来说，键合线越长，电感值越大。因此，在设计时，需要根据电路的要求，选择合适的键合线形状和长度，以达到最佳的性能。在一般估计中，可以用1毫米键合线约为1纳亨电感来进行量级上的估计，具体感值需要借助仿真工具确定。

基板板材

在多晶圆集成的射频芯片中，通常使用基板来实现对不同晶圆的支撑与连接。基板通常是由介质层和金属层组成的，介质层一般由陶瓷、玻璃、塑料等材料构成，具有一定的介电常数；金属层可实现基板导电。于是基板天生就具备了设计无源器件的材料条件，所以在射频芯片中，可以利用基板来进行无源器件的设计（见图3-105）。

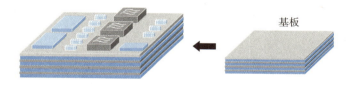

图3-105 射频芯片中的基板

在基板材料中，最常见的无源器件是射频电感，通过设计金属绕线的方式，即可实现基板上的电感。基板板材中也有支持电容器件的集成，这也给设计带来了更多的灵活度。

在射频应用中，基板采用的材料有FR4、玻璃、陶瓷等，一般在成本导向的设计中，常采用FR4材料的基板进行设计。由于基板是采用多层不同材料通过压合而成的，所以也称为层压材料（Laminate）。

射频芯片的封装技术

封装是芯片制造中的重要环节，封装位于芯片制造流程的最后阶段，是将半导体晶圆材料与外部电路连接并进行保护的一种工艺。经过封装后，半导体晶圆的可靠性和功能得到了提升。封装在芯片制造过程中的位置如图3-106所示。

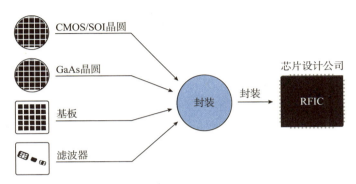

图 3-106　封装在芯片制造中的位置

芯片之所以需要封装，是因为芯片的核心构成是半导体晶圆，半导体晶圆是由非常微小的晶体管和金属线构成的，非常脆弱，容易受到物理损伤及静电放电、湿气、灰尘等环境因素影响。封装可以为芯片提供一个坚固的外壳，防止芯片老化或被破坏。封装还可以促进芯片散热，如通过散热片、导热胶、散热孔的设计，帮助芯片内部降温。

小小的芯片内部其实非常复杂，对于一个芯片成品来说，其内部的主要构成及常用名称如图3-107所示。

- 芯片：准确来说，其应被称为芯片模组（Module），是指封装之后的芯片成品。
- 晶圆：英文名称为Die，是指芯片内部的半导体晶圆部分。
- 凸点：英文名称为Bump，是指晶圆接口处形成连接的凸块。
- 封装模塑：英文名称为Molding Compound，指用于封装填充的封装化合物。
- 键合线：英文名称为Bounding Wire，是指用于连接不同晶圆的金属线。
- 基板：是用于承接不同晶圆的载体，根据封装技术的不同，也有可能是框架等其他结构。

图 3-107　芯片内部名称

SiP：系统级封装

在射频芯片中，封装还有一个重要的功能，就是进行不同芯片的连接，实现完整功能的系统级（System in Package，SiP）芯片，其结构如图 3-108 所示。如前文关于射频芯片中的半导体工艺部分所提及的，射频前端各器件采用不同的半导体工艺制造，并且还需要用到大量无源器件，在实现完整的射频系统功能时，就需要将这些不同的器件进行系统级的集成，使这些器件进行协同工作。

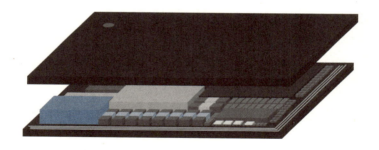

图 3-108　SiP 芯片结构

射频芯片模组是典型的 SiP 系统。SiP 将多个半导体晶圆和无源器件封闭在一个芯片载体或 IC 基板中，以实现完整系统功能。

与依靠 SiP 实现完整系统相对应的，是采用单芯片技术实现整个系统（System on Chip，SoC）。SoC 的思路是将系统所需要的所有组件高度集成到一颗芯片上，用一颗芯片实现所有功能。SoC的优点是集成度高，但开发周期长，成本高，技术难度大，最重要的是需要系统中的不同模块采用同一种半导体工艺实现，这一点也限制了可以在SoC中集成的器件种类。目前，在应用处理器、调制解调器等数字电路中，因为一般都是采用CMOS工艺进行设计，所以采用SoC技术进行系统级实现更为方便。

在射频芯片中，由于不同的电路模块采用不同的半导体工艺进行制造，例如，射频PA通常采用GaAs HBT工艺，LNA与开关采用SOI工艺，滤波器采用压电材料，这些器件无法在相同的半导体工艺中实现，在系统实现上，就需要使用封装技术将不同的模块来做系统整合。SiP为这种整合提供了可能。

SiP与SoC的对比如图3-109所示。

实现SiP的工艺主要有金线键合（Wirebond）和倒装焊接（Flipchip）两种（见图3-110）。金线键合是将芯片先粘贴到基板上，再用金线或其他金属线连接不同芯片管脚，实现对不同芯片的连接。倒装焊接是将芯片倒置，通过焊料球和基板将芯片表面的接触管脚直接相连。

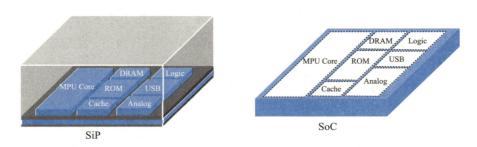

图3-109　SiP与SoC的对比

图3-110　金线键合与倒装焊接

金线键合：最朴素的连接方式

金线键合是实现SiP最为朴素的连接方式，它使用金属线作为连接介质，通过高温、高压和超声波的方式，在芯片焊盘和管脚或基板的焊点上形成可靠的焊接点。金线键合的实现主要依靠金线键合机。金线键合机是一种专门进行金线键合的设备，主要分为半自动键合机和全自动键合机两种。半自动键合机需要用人手工来实现芯片的装载、对准、拉线等动作，灵活性高，适用于实验室的调试及小型组装。全自动键合机可实现芯片的自动装载、对准、拉线、打线等动作，效率高，适合大规模生产。

金线键合所使用的金属线主要为金线，直径约为25微米左右，大约只有人头发丝直径的1/5。金属线长度约为0.3~1毫米，由于寄生效应，金属线在射频频率存在电感性和电阻性的寄生，这在设计中需要仔细考虑。依据经验，可以将1毫米长度的金属线，估算为1纳亨的电感。另外在设计中，还需要特别小心金属线的辐射效应，注意处理金属线与其他器件之间的耦合。

金线键合的优点是易于实现，成本较低，工艺成熟，适用于多种封装形式。但金线键合也有明显的缺点，首先，芯片连接是基于金属线的，这就对金属线的可靠性有极高的要求；其次，金属线由于直径较小，散热性较差；最后，由于金属线的寄生效应，引入寄生的电感与电阻，这些电感和电阻在高频和高速应用时带来明显影响，金属线之间的耦合也限制了这种封装技术在高密度封装中的应用。

倒装焊接：去繁就简的封装技术

倒装焊接是一种将芯片与基板或其他载体直接连接的封装技术，它不需要使用金属线或其他连接介质，而是通过凸点（Bump）直接将芯片表面的焊盘和基板或载体的焊点进行对接。

倒装焊接最早于1970年前后在多芯片模块中开始使用，经历了商业化和快速发展之后，在2000年之后得到了快速发展，在高集成度、高速度芯片领域得到了广泛应用。相较于金线键合，倒装焊接直接将连接点进行互连，连接长度短，连接密度高，连接强度大，散热性好，非常适合高频、高速、高密度芯片的需求的应用。

倒装焊接在实现时，需要先在芯片焊盘上沉积凸点，可以是铜柱、金柱，也可以是锡铅球等。在实现凸点后，将芯片反转，以对准基板上的焊点。再通过加热、压力等方式，使凸点与焊点熔合，形成可靠的金属间化合物。

倒装焊接在高频应用中有较多性能优势和集成度优势，但在实现中也存在一定限制。倒装焊接的缺点是，工艺复杂、对设备和环境的要求高，由于采用倒装焊接实现贴装后，芯片电路均在晶圆下方，不方便后续调试和处理，所以倒装焊接对芯片的设计能力也提出了较高要求。

不过由于倒装焊接在集成度、射频性能方面与金线键合相比有本质的提升，随着未来芯片功能和复杂度的不断增加，倒装焊接也将有越来越广泛的应用。目前，在射频前端模组中，集成度较高的先进芯片模组，已逐渐由金线键合转向倒装焊接进行设计。

裸晶圆封装：封装技术再进化

要实现多晶圆的封装并非易事，不同的射频前端器件有不同的封装需求。例如，在射频前端的滤波器——由于5G射频前端滤波器大多采用声学压电工艺进行设计，所以需要对每个芯片进行单独封装和保护，再将多个芯片封装在一起。采用这种方式的设计，封装周期长，封装成本高。于是就出现了一种新的封装技术——裸晶圆封装（Bare Die Module Package，BDMP）。

裸晶圆封装的思路是，将裸晶圆在模组内直接进行封装，再通过覆膜等技术实现对晶圆表面的保护，一次性完成多个晶圆的封装。采用这种技术可以有效降低封装成本，该技术在射频前端模组芯片中已得到应用。

这种技术也有缺点，例如，需要用到特殊的设备和材料，才可以在封装过程中直接实现对裸晶圆的保护；芯片可靠性方面控制的挑战性增大，需要进行仔细评估。

晶圆键合：晶圆级的封装

以上讨论的均是将晶圆封装到芯片模组层级，随着封装技术的进步，以及对芯片功能要求的提高，封装工艺也不断进步，将不同晶圆进行黏合的晶圆键合（Wafer Bonding）成为代表性工艺。

晶圆键合是指，将两个或多个不同材料的晶圆，通过物理的或化学的作用黏合在一起，形成一个新的晶圆（见图3-111）。晶圆键合可以实现不同材料、不同功能、不同尺寸晶圆之间的集成，降低封装体积和成本。

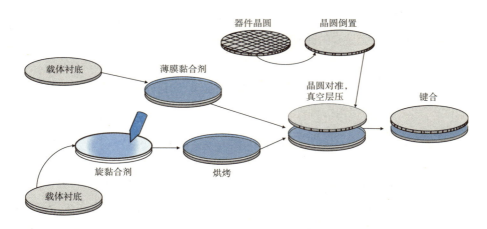

图 3-111　晶圆键合过程

晶圆键合的出现首先是基于三维集成技术的发展，随着高密度封装技术成为一个重要的研究课题，传统系统级封装已经没办法满足封装需求，于是晶圆级别的封装被发展起来，借助于晶圆级别精确对准和连接，实现了多层次的器件集成。

晶圆键合在射频前端模组芯片中也得到广泛应用。在SOI工艺制备中，Soitec公司就利用氢离子注入和晶圆键合，将一个晶圆中的薄层硅转移到另外一个受体晶圆上，实现SOI晶圆设计。

在射频滤波器中，由于SAW滤波器的频率特性受温度影响较大，需要采用一些方法进行温度补偿。晶圆键合可以将具有不同温度系数的晶圆黏合在一起，形成一个复合结构，从而实现温度补偿功能。

射频芯片的可靠性

作为芯片行业从业者，估计很多人最怕听到的一句话就是：芯片可靠性出问题了。对于射频芯片来说，评估其基本性能已经非常复杂了，可靠性问题会让人胆战心惊。如果可靠性评估不彻底，器件在终端使用中出现失效，轻则影响产品功能，重则可能造成不可挽回的惨痛后果。但如果对可靠性的评估不科学、层层加码、过度苛责，又会严重影响项目进度，使资金成本、时间成本急剧上升。

为了科学地解释和评估电子元器件的可靠性，伴随着1947年半导体晶体管的发明和大规模应用，逐渐兴起了一个学科：可靠性工程。可靠性工程是提高元器件在整个生命周期内可靠性的一门工程技术学科，涉及设计、分析、试验等各个产品开发过程。可靠性工程于1950年前后兴起，伴随着半导体技术的进步，已经发展了70年。可靠性工程中有一些重要的理念，如失效时间的理念、加速退化的理念、浴盆曲线模型理念等，也有一些分析方法，如统计分析法、FMEA设计方法、验证评估方法等。

失效时间：性能退化是基本物理规律

正如人有生老病死，自然界中物体的特性也会逐渐退化。这也符合热力学第二定律——熵增定律的定义：孤立不可逆系统的熵（无序程度），会随着时间的增加而增加。既然每个期间都会性能退化，那器件可以使用的时间究竟是多长呢？为了反映这一时间，失效时间（Time to Failure，TF）的概念被引入进来。

在可靠性工程中，认为器件参数S是与时间t相关的函数。S会随时间的变化而变化，当S随时间变化而减小时，假设可以在不同时间将S均采集出来，就可以得到以下S随时间变化的曲线（见图3-112）。如果将S变化为原有值的 80% 作为临界值，就可以得到不同器件失效时对应的时间。这个时间被定义为失效时间。

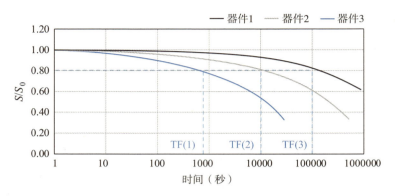

图 3-112 失效时间的定义

加速退化：可控时间内测试出器件寿命

如前节所述，器件性能的退化是随时间积累而发生的。对于消费类产品来说，一般产品生命周期长达数年。在产品推出之前，先做完整生命周期的可靠性验证是不现实的，更不用说一些工业级、车规级的芯片需要 10 年以上的可靠性寿命。这时，加速退化的概念就被引入进来。加速退化（Accelerated Degradation）是指，通过提高器件测试条件的应力或升高温度，来加快器件退化的过程。其目的是在不改变失效发生物理机理情况下，缩短失效测试的周期。

加速测试确实可大大减少可靠性测试所需要的时间，但究竟可以加速到多快呢？加速需要采用的测试条件应力、温度与加速时间之间又是什么关系？这里就有了加速因子的概念。加速因子（Accelerated Factor）是加速测试理论中的重要概念，是指在加速应力条件下快速采集器件失效时间数据，并将这些数据外推到器件正常使用环境，得到正常使用下的失效时间。需要说明的是，采用加速模型进行加速退化实验时，一定要确保两点：第一点是加速必须是均匀的；第二点是不能改变失效的物理机制。

在第一点中，加速均匀性的要求是加速模型计算中的需求。在第二点中，需要注意的是，要确保不因为参数应力过大，而出现其他失效问题（如瞬间失效、烧毁等）。设计合理的加速测试环境需要对器件的失效机理有深入的分析。在集成电路产品中，典型的失效机理包含电迁移、应力迁移、腐蚀、热循环疲劳、时间相关介电击穿、热载流子注入、离子键断裂。

加速测试方法需要根据以上失效机理进行合理设计。

加速因子与加速时间有对应关系是较为容易理解的，但要精准推导出二者的数学联系就较为复杂了。行业组织这时就发挥出了较大的作用。1958年，由半导体器件制造厂商、设计厂商及终端应用厂商等，共同成立了行业标准制定组织——联合电子器件委员会（Joint Electron Device Engineering Council，JEDEC），由其制定统一的产业标准。根据器件的退化机理，JEDEC定义了一系列的加速测试方法。常见的加速测试方法如表3-10所示。

表3-10　常见的加速测试方法

测试方法	JEDEC标准	加速因子	目的
Pre-Condition	JESD22-A113	温度和湿度	可靠性试验前的预处理
HTOL	JESD22-A108	温度和电压	验证器件工作寿命
温度循环（TC）	JESD22-A104	温度和温度变化率	验证器件在极端高低温下的可靠性
uHAST	JESD22-A118	温度和湿度	加速腐蚀，验证器件在高温高湿下的可靠性
bHAST	JESD22-A110	电压、温度和湿度	偏压下加速腐蚀，验证器件在高温高湿下的可靠性
THB	JESD22-A101	电压、温度和湿度	偏压下加速腐蚀，验证器件在高温高湿下的可靠性
高温存储（HTS）	JESD22-A103	温度	验证器件在高温下的长期可靠性

JEDEC 所定义的加速测试方法已成为电子器件的标准测试方法。在实际产品交付中，需要将以上可靠性报告与产品一起向客户交付。

浴盆曲线模型：将失效分时期看待

为了理解不同时期内器件失效发生的物理机理，可靠性工程中引入了著名的"浴盆曲线"概念。

浴盆曲线（Bathtub Curve）认为，一般器件失效有三个明显不同的阶段（见图 3-113）。

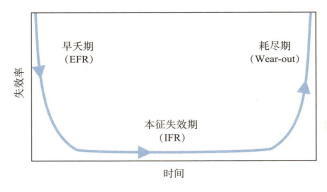

图 3-113　浴盆曲线

- 早夭期（Early Failure Rate，EFR）：在器件早期使用阶段发生，失效率较高。这个时期主要的失效原因是器件在生产时的有严重缺陷。

- 本征失效期（Intrinsic Failure Rate，IFR）：这个阶段的失效是由器件内部材料存在微小缺陷造成的。

- 耗尽期（Wear-out）：在这个阶段，器件的性能已经退化，达到使用的末期。此时的失效是由器件的正常退化造成的。

浴盆曲线反映了失效的一般规律，甚至可以用生物的生命周期来类比：一般新生儿在出生的 24 小时内，需要医生格外关注，如果新生儿在出生时就有一些缺陷，在这个时期很容易出现生命危险；经过一年之后一直到 70

岁左右，这个时期内死亡率较低并且趋于平缓；到 70 岁之后，人类的器官开始出现消耗殆尽的现象。

对于集成电路来说，早夭期可能会延续一年的时间。为了剔除存在缺陷的产品，使之不至于流向客户造成高的失效率，集成电路会采用让产品试运行一段时间的方式，来剔除有先天缺陷的产品，这个剔除的过程，被称为老化（Burn-in）。将器件做长达一年的老化是不现实的。所以，一般会用到前文提到的"加速退化"的方法，提升器件工作时的电压或其他工作条件的应力，使失效时间缩短到几小时、几分钟，甚至几秒钟。与加速退化的分析类似，具体所加应力大小与对应时间的关系，需要根据器件的失效种类来确定。

老化是一种对产出产品进行 100% 筛选的非破坏性实验，目的是将早夭产品剔除。由于实验对应芯片工作的时长是早期失效阶段（如一年正常工作时间），所以并没有使器件进入耗尽期而发生性能的退化失效，也不会明显减少器件使用寿命（器件的寿命通常为数年）。

另外需要说明的是，老化是减少早期失效的一种方式，需要在产品出厂前进行全数测试。如果工艺和设计电路成熟，有数据表明器件早期失效率稳定，也可以在测试中去掉老化的测试。

统计概念的引入：评估性能波动的影响

失效时间定义了器件性能随时间推进而产生的变化。在大批量使用时，还会存在不同器件间性能波动的问题。既然不同器件之间的性能是不完全一致的，那如何衡量波动和确定卡控门限（Limit）呢？所以，统计的概念就被引入了进来。

正态分布（Normal Distribution）是数学家在 18 世纪所发现的一种统计规律（见图 3-114），著名数学家高斯在 1809 年对其进行了理论推导与完善，所以正态分布又被称为高斯分布。正态分布的作用不仅揭示了一个数学现象，更在实际工程应用中有着重要的作用。

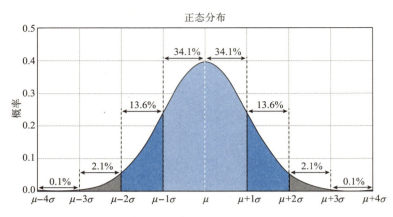

图 3-114　正态分布及其对应区间的概率

正态分布中的两个重要参数是均值和标准差。均值决定了数据的平均数，标准差决定了数据的分散程度。在正态分布中：

- 68.2%的数据在平均值1个标准差内。
- 95.5%的数据在平均值2个标准差内。
- 99.7%的数据在平均值3个标准差内。

一旦根据统计分布得出某一变量的均值和标准差后，就可以根据正态分布计算出任意给定区间内的概率分布。所以，此种统计方法可以用来计算给定上下限的良率，或者推测性能波动带来的失效概率。

高可靠性芯片的设计和评估

基于以上可靠性工程理念，可在芯片产品开发过程中加入高可靠性设计与评估。根据芯片是否带电测试，芯片的可靠性主要分为电可靠（Electric）类与机械可靠（Mechanic）类两类。射频前端产品常见的可靠性测试项目如表3-11所示。

表 3-11 常见的可靠性测试项目

分类	评估项目	英文名称	英文缩写
电可靠 （Electric）	健壮性	Ruggedness	—
	稳定性	Stability	
	静电防护	Electro Static Discharge	ESD（HBM/CDM/MM/LU）
	浪涌	Surge	—
	加压高温高湿加速	Biased High Accelerated Temperature and Humidity Stress Test	bHAST
	高温工作寿命	High Temperature Operating Life	HTOL
机械可靠 （Mechanic）	跌落	Drop Test	DT
	机械冲击	Mechanical Shock	MS
	可焊性	Solderability	SD
	湿度敏感等级	Moisture Sensitivity levels	MSL
	温度循环	Temperature Cycling	TC
	高温存储	High Temperature Storage	HTS
	高温高湿加速	Unbiased High Accelerated Temperature and Humidity Stress Test	uHAST
	加压高温高湿加速	Temperature Humidity Bias	THB

"可靠性是设计出来的，不是测试出来的"是高可靠性芯片设计中的重要理念。实现满足以上可靠性需求的高可靠性模组芯片，必须在设计之初就对芯片的高可靠性加以考虑。常见的高可靠性芯片设计思路是失效模式和影响分析（Failure Modes and Effects Analysis，FMEA），图3-115所示为典型的包含FMEA的迭代开发流程。

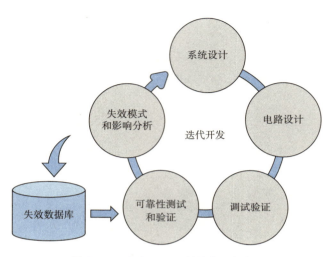

图 3-115　包含 FMEA 的迭代开发流程

芯片的可靠性验证一般遵循一定的测试标准，常见的测试标准为前文提到的 JEDEC 标准，另外还有车规产品验证的 AEC-Q 系列标准。这些标准中建立了标准的测试方法，同时，在器件选取数量、判定标准上也作了明确规定。高可靠性芯片设计必须完全通过相关测试。

第四篇
从芯片到方案

你是否喜欢玩拼图游戏？拼图游戏是一种需要智慧和耐心的游戏，它让我们从一堆杂乱的碎片中拼出一幅完美的画面。射频从芯片到方案的过程很像拼图游戏，射频芯片看似杂乱，但却可以根据不同的应用场景，如手机、汽车、物联网等，拼出完美的方案。

不同场景有不同的需求，同时也有不同的产业链发展背景与逻辑，就形成了不同拼图游戏的运行方式。我们需要根据不同的需求和条件，选择合适的射频芯片，并将它们连接起来，形成一个有序和协调的方案。在这一篇中，我们将讨论把射频芯片拼接成射频方案的过程，一起感受射频方案拼图游戏的乐趣和挑战。

不同类型的拼图:射频芯片模组分类

虽然射频前端由PA、LNA、滤波器、开关"四大金刚"构成,但在芯片实现中,这四个电路并不是分开的。以手机5G射频前端系统为例,为了支持多个频段,方便地实现复杂的射频前端系统,以及考虑到性能、成本的原因,射频前端芯片通常采用集成多个器件的方式进行实现。

在手机射频前端系统中,根据集成器件的不同,射频前端方案分为分立方案及集成模组方案。分立方案一般指采用多频多模PA、LNA、分立滤波器等实现的方案。集成模组方案一般指采用L-PAMiD、L-PAMiF、L-FEM等集成模组实现的方案。无论分立方案,还是集成模组方案,均是采用SiP工艺实现的系统级封装模组芯片,但在开发难度及使用方式上,有很大的不同(见图4-1)。

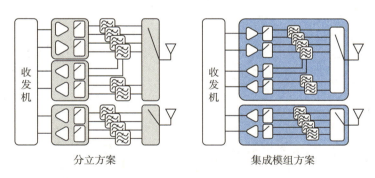

图4-1 分立方案及集成模组方案

分立方案

分立方案是指使用分立的PA、LNA、开关、滤波器芯片等实现的方案,然后通过外部连接线进行信号的传输与控制。随着多频段多模式支持的需求,PA、LNA内部也需要集成开关,来支持不同频段的输出。但这种开关本质上还是为PA及LNA这些核心电路服务的,所以依然称之为分立方案。

分立方案的优点是可以根据不同的需求和条件，灵活地选择和组合各个模块，实现射频前端的定制化。不过，这种方案也有明显的缺点，如链路损耗过大、成本较高、空间占用大、功耗高等。

分立方案中有一些代表性的器件，如表4-1所示。

表4-1 分立方案中的代表性器件及其框图

英文全称	LNA Bank	PA module	Switch	Filter（Duplexer）
中文名称	低噪声放大器组	功率放大器模组	开关	滤波器（双工器）
集成器件	低噪声放大器、开关	功率放大器、开关	开关	滤波器（双工器）
示意框图				

集成模组方案

集成模组方案是指将射频前端多个功能模块集成到一颗芯片上，从而减少了外部连接线路，提高了射频信号性能，减少了损耗，同时降低了成本。虽然在性能和集成度上集成模组方案有诸多优点，但更多的器件集成意味着设计挑战的增加。集成模组方案的设计需要厂商掌握模组芯片中各模块的设计，同时需要有强大的系统设计和整合能力，才能完成整个模组芯片的开发；并且器件的大规模集成也对芯片可靠性提出了更高的要求，需要保证模组芯片内每个器件不失效，整体芯片才能有高的可靠性。

根据集成器件的不同，射频集成模组芯片也有不同，如表4-2所示。

表 4-2 集成模组芯片及框图

简称	L-FEM	L-PAMiF	PAMiD	L-PAMiD	DiFEM
英文全称	LNA-Front end Module	LNA-PA Module integrated Filter	PA Module integrated Duplexer	LNA-PA Module integrated Duplexer	Diversity Front-end Module
中文名称	低噪声接收模组	集成滤波器收发模组	集成双工器发射模组	集成双工器收发模组	分集前端模组
集成器件	低噪声放大器、开关、滤波器	功率放大器、低噪声放大器、开关、滤波器	功率放大器、开关、双工器	功率放大器、低噪声放大器、开关、双工器	滤波器、开关
示意框图	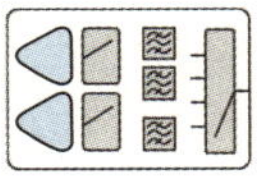	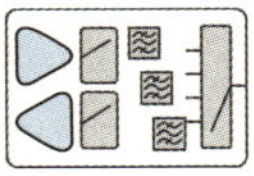	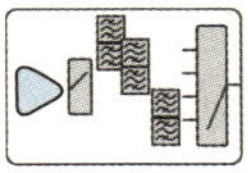	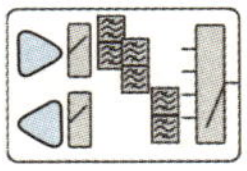	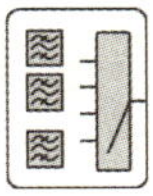

射频芯片的产业链构成

相较于单芯片的 SoC 芯片，射频前端模组芯片产业链复杂，尤其是对于高集成模组芯片，芯片内部集成不同器件，这些不同器件采用不同的半导体工艺进行设计，再由封装厂将晶圆封装起来。这对厂商在产业链资源管理上提出了较高的要求。一般成熟的射频前端厂商会有深入合作的策略型供应商，这些供应商对厂商的需求在价格及供应上予以足够多的支持。射频前端厂商还会进行质量管控和供应风险管控，确保芯片可以保质保量地进行交付。

一般射频前端模组芯片的产业链链条如图 4-2 所示。设计公司进行模组芯片的设计，并将不同的晶圆交由不同的半导体代工厂进行生产制造，涉及的半导体工艺有 CMOS 工艺、SOI 工艺、GaAs 工艺、滤波器工艺等。晶圆器件生产制造完成后，会转交给封装厂进行封装、测试，形成模组芯片的成品。设计公司对这些成品进行数据验收，随后入库管理。有客户需求时，将产品出货给终端公司。

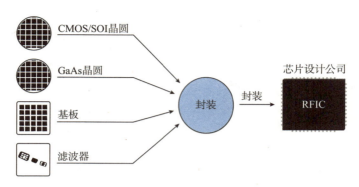

图 4-2　射频前端产业链

手机射频芯片方案演进

过去10年，通信协议从4G快速迭代进入5G，射频通信改变了人们的生活。随着射频技术的发展和市场变化，射频芯片方案也在不断地进行创新和优化，以适应新的需求和挑战。在谈论手机射频芯片方案时，无一例外都会提到"Phase2方案""Phase7方案""Phase7LE方案""Phase8L方案"等名词，这些方案的出现也反映了手机射频芯片方案的发展趋势与过程。

射频芯片方案一般由器件厂商、平台厂商及终端厂商三方共同定义、开发。在2010年之前，除了MTK、高通及展讯外，ADI、TI、Agere、Infineon、Philips、Freescale、Renesas、Skyworks等公司，都提供过手机平台解决方案。由于当时平台方案提供分散，射频芯片方案这个细分方向对射频技术的要求高，所以并没有平台厂商可以将射频芯片方案统一起来。在这个时期，射频芯片方案定义的主导权主要在射频器件厂商手里，即由射频器件厂商发起定义、平台适配和客户推广。

在2010年之后，MTK、高通、展讯及海思平台的崛起，使手机平台方案的提供越来越集中。随着山寨机的没落，终端厂商也逐渐向头部聚集。平台厂商、终端厂商及器件厂商,都对射频前端器件"生态"的形成更加重视,能否形成器件统一的"生态"是新方案定义中非常重要的考虑点。

在这个时期,平台厂商不断积累射频前端的定义能力,并将射频前端方案统一纳入方案规划中,向客户提供一站式"turn-key"解决方案。同时射频前端愈加复杂,新的射频前端方案必须完成复杂的平台适配才能完成方案应用,这也使得平台厂商在射频前端方案定义的话语权进一步提升。

对于终端厂商来说,统一的方案使不同供应商提供的器件之间可以灵活替换,能够降低供应风险。所以统一的方案可以降低应用时的适配难度。

对于器件厂商来说,统一的方案可降低多个方案带来的巨额开发和维护费用,降低生产成本,并且统一的方案可降低新器件的开发风险。

由于以上考虑,MTK发起定义的"Phase X"系列方案受到终端厂商、器件厂商的支持,成为公开市场过去近10年主流的射频前端方案。MTK的"Phase X"系列方案伴随了整个4G的发展,占据整个4G市场约80%的份额,并且在5G时代依然是公开市场最为主流的方案。以下将对"Phase X"系列方案进行详细讨论。

以上为公开市场方案定义的变化,还有一部分射频前端方案是直接由终端厂商发起定义的,这种情况一般出现在头部终端厂商中。如苹果iPhone手机中所用的射频前端方案均为苹果公司所自定义的方案。这种自定义的方案也出现在华为及三星手机之中。这种自定义射频前端方案不在本书讨论范围内,本书将主要讨论公开市场中通用的射频前端方案演进。

Phase1:史前时代

严格来说,MTK的射频前端方案定义是从2014年的Phase2方案开始的。在Phase2方案推出之前,TD-LTE/FDD-LTE已经全面商用3年了,在这3年里出现的方案一般被称为Phase1方案。

Phase1方案并不统一,一般来说是最大限度地复用射频前端厂商3G时代的产品定义:与原来2G、3G重合的频段复用原来的管脚;4G的新频段用单独分立的通路进行覆盖；再用天线开关将所有频段切换到同一根天线上。

图4-3为典型的Phase1方案，发射部分主要由三款芯片构成（见表4-3）。

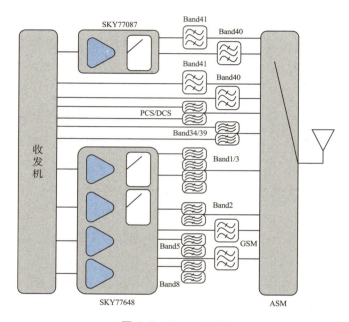

图4-3 Phase1方案

表4-3 Phase1方案发射部分芯片

编号	芯片名称	芯片功能
1	Qorvo某型号	ASM，天线开关，完成不同频段的天线切换
2	Sky77807	4G高频（2.3~2.7GHz）多频多模PA
3	Sky77648	4G中低频（0.7~0.9GHz，1.7~1.9GHz）多频多模PA；2G PA

除了以上型号，Sky77621、Sky77753、RF7378等，也都属于

Phase1时代的芯片方案。这些方案主要由Skyworks、RFMD（现为Qorvo）厂商定义开发。

Phase2：顺应时代，成就经典

Phase2方案是MTK于2014年定义的第一代归一化4G射频前端方案，如今看来，Phase2方案的定义依然经典。

如前文所述，在2G、3G时代，射频前端的方案并不统一，Skyworks、RFMD（现为Qorvo）等公司时常会有缺货发生。不少国内创业公司在2011年前后，依靠RF9810、Sky77590等芯片缺货挖掘到了第一桶金。缺货对国内创业公司是机会，但对终端及平台厂商却是灾难：射频前端方案的缺货会影响平台出货和终端生产。于是，MTK在2012年到2013年开始着手定义Phase2方案。

Phase2方案的定义不仅仅考虑了当前方案的统一，还考虑了方案生态的可达成性，未来协议的演进，4G三模、五模的共存等。Phase2方案对于Phase1方案的改进主要如图4-4所示。

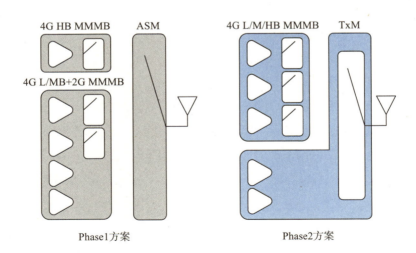

图4-4 Phase2方案的主要改进

Phase2方案将Phase1方案的2G PA，与天线开关模组（Antenna Switch Module，ASM）整合，形成发射模组（Transmitter Module，TxM），将4G频段的PA整合，形成完整的4G MMMB PAM（Multi-Mode, Multi Band Power Amplifier Module），一般简称为MMMB PA或者MMMB。

经过改进，Phase2方案有以下优势：

- 灵活性增强：由于2G PA的设计方法与3G PA、4G PA有很大的不同，2G PA与4G PA的分离可以带来较大的设计灵活性。
- 2G PA一般采用SAW-less方案，输出不需要经过额外的SAW滤波器等，2G PA与ASM集成为TxM可以降低2G PA后端插损。
- 供应商可针对性发挥优势：不同供应商在2G与3G、4G的技术积累与能力不同，分离后可以更充分地发挥不同供应商的优势。
- 2G PA的分离，可为后续2G退网做好准备。
- 4G频段的整合，为日后4G乃至5G频段的发展做好准备。

Phase2的定义，还考虑了不同运营商的兼容。除了定义全网通的4G MMMB PA芯片，支持GSM、WCDMA、TDS-CDMA、TD-LTE及FDD-LTE的五模方案，还定义了只支持中国移动频段的GSM、TDS-CDMA、TD-LTE的三模方案芯片（见图4-5），这两颗芯片尺寸大小不同，但却可以共板替换，定义得相当巧妙。不过由于全网通手机成为大势，MTK巧妙地兼容定义并未被大规模使用。

方案归一化后，国内厂商开始加大投入，开发与Skyworks、Qorvo等国际厂商相同方案的产品。虽然产品定义和目标产品都是清晰的，但过去几年国内厂商在和Skyworks、Qorvo等国际厂商的竞争中并不占优势。Skyworks、Qorvo等国际厂商在国内竞争对手杀入后，仍然保持优势的原因如下：

- 国内厂商大多数采用"跟随战略"，即在Skyworks、Qorvo等国际厂商推出产品之后，快速进行复制，推出功能类似的产品，然后靠低价格杀入市场。

- Skyworks、Qorvo等国际厂商的产品性能更优：国际厂商有近20年的技术积累，在采用相同的方案时，国内厂商无法在产品性能上进行超越。

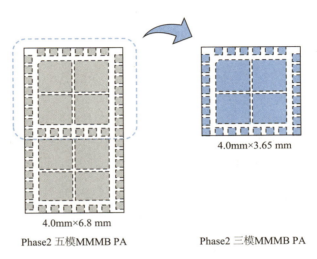

Phase2 五模MMMB PA　　　　Phase2 三模MMMB PA

图4-5　Phase2方案定义的五模方案和三模方案

- Skyworks、Qorvo等国际厂商生产成本更低：IDM模式、年20亿美元以上的销售额，支撑其拥有更低成本（国内厂商均为Fabless模式，并且销售额较低）。
- Skyworks、Qorvo等国际厂商掌握知识产权：同质方案的知识产权风险，让头部客户在使用时有顾虑。

2020年以后，随着4G市场的毛利逐渐降低，5G市场逐渐扩大，国际厂商开始放弃对4G市场的占据，国内厂商得以有机会在4G市场取得份额。但由于定价权依然在国际厂商手中，若采用相同方案，国内厂商依然无法取得可观的毛利。

Phase3及Phase5：完善方案，支持载波聚合

Phase3方案及Phase5方案的定义产生于2015—2016年，也是全

球4G建设最为火热的时候。除中国外，大部分运营商的频谱都是通过拍卖的方式获得的，频谱资源珍贵，运营商一般无法获得连续较宽的频谱。相较于中国移动在4G时代B41获得的2575~2635MHz的70MHz带宽（进入5G后，中国移动在B41/n41带宽拓展至160MHz），国际运营商通常只有几兆赫或十几兆赫信号带宽。为了提升用户体验，载波聚合（Carrier Aggregation, CA）方案开始被大家关注。

载波聚合是LTE-A中的关键技术，它可以将2~5个LTE成员载波（Component Carrier，CC）聚合在一起，实现最大100MHz的传输带宽，有效提高了上下行传输速率（见图4-6）。按照上下行载波聚合的功能不同，可分为下行载波聚合（Down Link CA，DL-CA）及上行载波聚合（Up Link CA，UL-CA），下行载波聚合只完成下行载波聚合，提升下行速率；上行载波聚合一般可同时完成上行及下行载波聚合，上下行速率均可得到提升。按照载波频段的不同，载波聚合可分为带间载波聚合（Inter Band CA），及带内载波聚合（Intra Band CA）。同时，带内载波聚合又有连续与非连续之分。

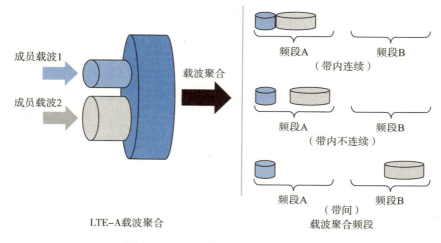

图4-6 LTE-A 载波聚合与其频段示意

载波聚合方案较为复杂，不同细分场景和不同的载波聚合组合需要有不同的方案来响应。MTK先后定义了Phase3方案及Phase5方案来支持不同的载波聚合场景。Phase3方案可以支持2下行载波聚合及带内上行载波聚合；Phase5方案引入三工器、多工器，又将载波聚合能力提升到了3下行载波聚合及带间上行载波聚合，不过PA后端插损增加，对PA输出功率的要求提升了（见图4-7）。

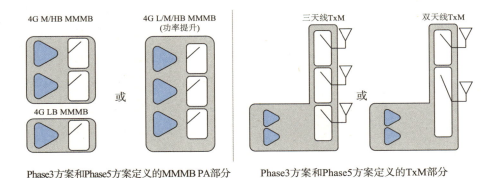

图4-7 Phase3方案和Phase5方案

由于分立方案实现载波聚合较为复杂，Phase3方案及Phase5方案作为完整射频前端方案并未形成大规模生态。载波聚合市场并非全球市场，所以Phase3方案和Phase5方案也没有形成对Phase2方案的取代，对载波聚合能力有强需求的主要是海外高端手机，在Phase6 PAMiD方案定义完成后，这些手机快速转向了PAMiD方案。

在MTK的定义中，并没有Phase4方案，原因是华人社会对数字4的避讳。据说MTK对Phase4方案的跳过，也让Qorvo、Skyworks等国际厂商了解到了4这个数字在中文发音的额外含义，使国际厂商在产品命名中对数字使用更加慎重。

Phase6及Phase6L：进入PAMiD，依然经典

在分立方案开发完成后，国际大厂开始向PAMiD方案深度布局：2014

年，Skyworks宣布与松下组建合资公司；2015年，RFMD与Triquint合并，成立Qorvo；2016年，高通宣布与TDK建立新的合资公司RF360。

PAMiD的全称是PA Module integrated with Duplexer，中文为PA滤波器集成模组。在这个模组中，同时集成了PA模组与滤波器组，也集成了天线开关等。PAMiD方案集成度高，链路插损小，使用简便，一直是高端手机的首选方案，iPhone从iPhone 4时代，即开始采用PAMiD方案，方案来自Avago（现为Broadcom）、Skyworks、Triquint/RFMD（现为Qorvo）等厂商。

虽然射频前端厂商在2016年之前就在iPhone等手机上应用PAMiD方案，每家厂商也都在推广自己的方案，但公开市场一直缺少统一定义，PAMiD方案在公开市场并没有得到很好的应用。MTK在2016年推出Phase6 PAMiD方案定义，随后又进行成本优化，去掉冗余载波和滤波器，升级到更贴合中国市场的Phase6L（Phase6 Lite）PAMiD方案，Phase6L PAMiD方案也在公开市场中取得成功（见图4-8）。

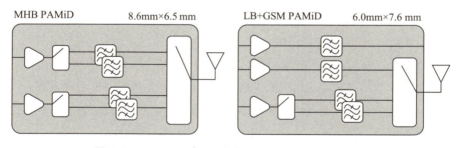

图4-8　Phase6 PAMiD方案和Phase6L PAMiD方案

在MTK对Phase6 PAMiD方案和Phase6L PAMiD方案成功定义的2016年前后，MTK先后发布了中高端Helio P系列及旗舰Helio X系列SoC，准备与高通在旗舰市场一决高下。但随着手机终端厂商将MTK Helio X10芯片应用于千元手机，MTK的旗舰之路遇阻；随后MTK宣布放弃对旗舰Helio X的开发。MTK所定义的Phase6 PAMiD方案和Phase6L PAMiD方案，与当时的千元机市场无法匹配。

虽然MTK冲击高端市场受限，也不妨碍MTK所定义的PAMiD方案的成功。MTK所定义的Phase6 PAMiD和Phase6L PAMiD方案，先后在高通等其他平台方案中量产，MTK射频前端方案的定义能力及号召能力可见一斑。

Phase7、Phase7L 及 Phase7LE：5G 的开门红

在2018年，5G对全世界来说都是新的。5G频段是新的，标准是新的，甚至需求也是不断变化的。在需求未清晰的情况下，5G早期的方案差别也很大。高通、华为海思、村田、Qorvo及Skyworks等厂商，都在2018年推出过不同形式的方案。

MTK在对协议、运营商、终端客户及器件厂商的信息进行综合分析后，定义了Phase7方案。Phase7方案的Sub-3GHz部分主要由Phase6 PAMiD方案及Phase6L PAMiD方案继承而来。在5G新增加的Sub-6GHz UHB部分，重点定义了支持n77、n78、n79频段，集成SRS开关的双频高集成模组。Phase7方案的推出，很好地适应了5G的新需求，众多终端厂商的5G射频前端方案快速切换至Phase7方案。MTK将5G平台方案取名为"天玑"，并发布1000、800、700系列，布局5G高、中、低端市场。由于5G完整方案的推出，MTK也在5G有所斩获。

在推出第一代Phase7方案之后，MTK快速定义Phase7L（Phase7 Lite）方案、Phase7LE（Phase7L Enhancement，Phase7L 增强版）方案，适应5G市场的快速变化需求。Phase7方案、Phase7L方案及Phase7LE方案各代之间的演进关系分别如图4-9、图4-10、图4-11所示。

Phase7方案主要应对初期的5G应用，基于Phase6 PAMiD方案增加了对5G的支持，具体如下：

- Sub-3GHz PA进一步提升了功率及线性，以支持5G高功率、高阶调制的需求。
- 天线开关复杂度升级，以应对5G对SRS切换、MIMO、智能天线切换的需求。

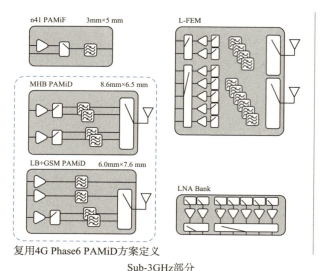

图 4-9　Phase7 方案定义

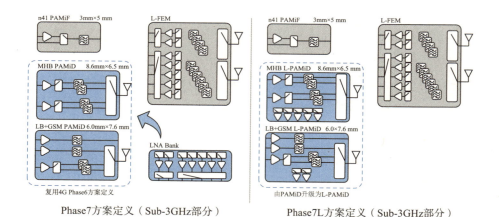

图 4-10　Phase7L 方案定义

- 方案提升了 eLNA 的重要性，定义了集成 eLNA、RX filter 和开关的 L-FEM 产品形态。

Phase7L 方案基于快速发展的 5G 需求，进行了迭代，Sub-3GHz 进一步提高集成度，在 PAMiD 产品形态中加入主集接收 LNA，形成 L-PAMiD 产品形态。

Phase7LE方案随着5G需求趋于收敛应运而生，UHB从1T1R L-PAMiF及1R L-FEM方案，演进至1T2R、2R的产品方案，进一步提升集成度；继续优化模组内开关、EN-DC支持、双工器等功能，进一步减少模组外围器件需求，达到整体方案的高性能和简洁。

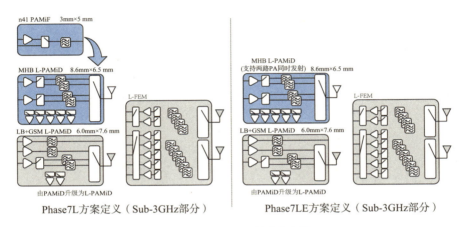

图4-11　Phase7LE方案定义

随着5G应用的推进，5G射频前端方案也开始收敛。不只是MTK，高通及展锐的方案也统一至Phase7系列方案。值得一提的是，高通自有品牌的最新5G UHB射频前端产品，也逐渐向MTK所定义Phase7系列方案靠拢。Phase7系列成为又一个经典方案。

Phase5N：虽非初始定义，但却顺理成章

虽然Phase3、Phase5作为完整方案并未成为全球性的大节点，但Phase3方案、Phase5方案定义下所产生的个别芯片在未来有了举足轻重的作用：Phase3方案定义的TxM，可以很好地支持5G时代的多天线场景；Phase5方案定义下的载波聚合方案由于引入四工器、Diplexer等插损增加，将Phase2 MMMB PA的功率提升了1dB，这

提升的1dB受到了终端厂商的欢迎，可以用来抵消部分应用中PA后端过大的插入损耗，部分厂商直接将提升功率版的MMMB PA称为"Phase5 PA"。

5G时代到来之后，头部终端厂商主导将Phase5 MMMB PA增加支持5G NR信号的定义，被业界称之为Phase5N PA（"N"代表支持5G NR），基于这颗MMMB PA所构建起来的5G方案被称为Phase5N方案（见图4-12）。由于大家对Phase2方案、Phase5方案的MMMB PA相当熟悉，Phase5N PA只是在原来的基础上增加了5G NR信号支持，对管脚等未做修改，这颗物料也顺理成章地被大家接受。

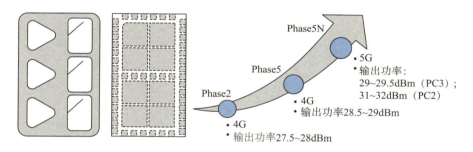

图4-12　Phase5N方案的演进

需要说明的是，Phase5N方案并不是由MTK定义的。到目前为止，MTK还没有正式推出过分立5G NR的射频前端方案定义。MTK的5G方案，依然是集成的PAMiD（或在此基础上集成的LNA的L-PAMiD）方案。Qorvo、Skyworks等厂商也没有响应Phase5N方案，而是推广单价更高的PAMiD或L-PAMiD产品。

Phase8 系列：针对 5G 优化，厂商深度定制

2023年，是5G商用的第四个年头。"能用就好"的阶段已过，5G正在迈向"深度优化"。中国5G手机的出货量在过去几年迅速提升，根据

工信部统计数据，在中国市场，5G手机的出货比例从2019年的4.7%，快速增长至2020年的52.9%，2021年的76.3%，从2022年至今，这个比例稳定在77%以上。5G在国外也开始迅速部署。除了北美、西欧、亚太等5G先发地区，南亚、东欧、北非、中南美洲等地区也在快速推进5G的部署和商用。根据GSMA的统计，截至2023年，全球5G手机连接数达到15亿部，这一数字在2026年将翻一番，达到30亿部。到2030年，全球5G手机连接数将达到50亿部。5G将在全球迎来快速增长。

Phase8系列方案是MTK联合器件厂商、终端厂商自2021年起着手定义的全新5G射频前端方案。在进行方案定义时，市面上5G终端已有方案可以使用，不需要手忙脚乱地推出一版方案。卸下包袱的厂商们终于有时间将5G的新需求和未来演进仔细地进行消化梳理，定义出一版真正适用于5G的射频前端方案。随着国内终端厂商和部分国产器件厂商技术能力与产品能力的提升，Phase8系列还是国内终端厂商和器件厂商尝试合作，并参与定制的5G射频前端方案，国内射频芯片公司慧智微等在方案定义之初，就参与到了方案的讨论中。

基于以上理念，Phase8系列方案做了以下调整与优化：

- 重新定义管脚、尺寸，重新梳理芯片方案。
- 针对5G需求优化内部拓扑，将5G系统中所需要的EN-DC、SRS开关方案考虑进来。
- 针对5G应用场景，定义全新的通路隔离度、控制时序、开关架构。
- 去掉4G时代的冗余功能。
- 针对不同终端应用场景，定义Phase8、Phase8L方案，摆脱之前方案中的"一刀切"。

经过以上优化之后，Phase8系列方案成为真正适用于5G的、优化的射频前端方案（见图4-13）。

在Phase8系列方案中，国内器件及终端厂商需要重点关注的是Phase8L方案。Phase8方案的目标市场是高端及旗舰手机，方案强调强大的射频能力及完整的CA、EN-DC支持，采用Low Band及Mid/High Band两颗L-PAMiD芯片构成完整方案，并且采用如DS-BGA等更先进的封装，来实现更小的器件尺寸。Phase8L方案拥有以下优势：

- 低中高5G频段+2G真正的全集成L-PAMiD方案（All-in-one）。
- 面积是Phase7LE的53%。
- 集成高性能、高效率的2G射频通路。
- 单通道4G、5G性能与Phase7LE方案相当。
- 支持M+H、L+H双发EN-DC，支持大多数多频CA。
- 针对5G需求优化内部架构，适配5G手机最新需求。
- 整合周边器件，充分降低应用复杂度。
- 为未来更大规模集成奠定条件。

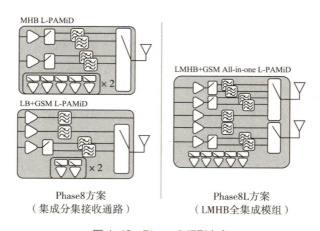

图4-13 Phase8系列方案

Phase8L方案考虑的是处于2000～4000元价位手机的需求：支持合理的5G CA及EN-DC能力；采用All-in-one的方式进行设计，只需一颗芯片就可以进行Sub-3GHz全频段覆盖。由此可以实现性能与成本的完美平衡。在应用上，未来5G手机应用方案演进如图4-14所示。

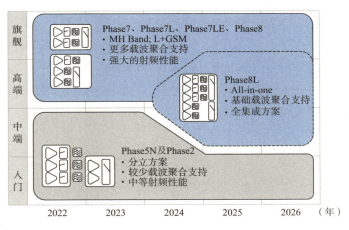

图 4-14　5G 手机应用方案演进

射频前端方案演进的未来

在手机射频前端方案演进过程中,由于射频技术的演进和客户归一化需求的驱动,出现了归一化射频前端芯片方案,极大地支撑了新的通信制式的快速部署。在这种演进中,以 MTK 及终端厂商、射频前端厂商共同定义的 Phase 系列方案最具代表性(见图 4-15)。

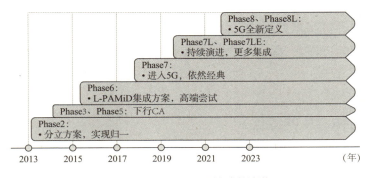

图 4-15　Phase 系列方案的演进

在演进过程中,越来越多的射频前端芯片厂商参与进来。这些厂商从

4G时代的跟随,走到了5G初期的并行开发,部分厂商目前已经在积极地参与新产品的定义。

在未来射频前端方案演进中,有以下几个趋势。

首先,射频前端方案继续强调"生态"。生态的形成会带来良好的质量,合理的价格,安全的供给。有良好生态的射频前端方案将继续是终端厂商的优先选择。

其次,头部终端厂商与国内射频芯片厂商将深度参与规格定义与产品定制。目前头部终端厂商越来越集中,并且对射频前端的理解能力也越来越强。除了苹果、三星、华为,国内的OPPO、vivo、小米及荣耀也都已经具备射频前端方案的定义能力。未来头部终端厂商将深度参与射频前端方案的定义。基于技术的积累与突破,慧智微等部分国内领先射频芯片公司也逐步参与射频前端方案的定义。

再次,在方案上,高集成模组化是大方向。受限于可集成化小型SAW、BAW滤波器及双工器,国内厂商现在还无法在Sub-3GHz提供PAMiD及L-PAMiD方案。随着越来越多优秀公司的投入,一旦解决滤波器及双工器的供应问题,国内厂商有望实现PAMiD及L-PAMiD模组产品的突破。

最后,不管射频前端方案如何变化,一定是核心技术为王。只有掌握差异化的核心技术,才有机会在归一化生态的产品竞争中获胜,才有机会深度参与头部客户的差异化定制。未来,竞争将更加激烈,更考验厂商的核心技术能力。

物联网射频芯片的特点

随着技术的进步,人们已经不再满足于只实现人与人的联网,而是想把所有的物体都连接起来。物联网为人们带来巨大的想象空间,人们的生产效率极大地提高,通过对各种物体的检测和控制,人们的控制范围更广,出错概率更低;物联网也为人们提供了更多的服务和便利,如将物联网应用于智能家居、智能医疗、智能交通等领域，为人们提供了更多的信息和服务，满足了人们的个性化和智能化需求；物联网还在不断拓展人们认知的边界，让人们更好地理解这个世界。

当前，万物互联的世界已经到来，物联网技术在各个领域得到了广泛的应用，形成了覆盖全球的物联网网络。2023年，全球物联网设备已经达到500亿个，平均一个人周边有7个物联网设备，并且这个数字还在不断增加，到2025年预计全球物联网设备数目将超过750亿个。

虽然实现万物互联的方式多种多样，可以采用射频，也可以采用光纤、电缆等。但毫无疑问，采用射频实现的无线连接更有优势。射频连接可以实现不受地点限制的通信，不需要布置复杂线路，不受物理限制。射频连接也有更强的扩展性，更容易实现大规模的覆盖和管理。射频连接可以实现对移动设备的互联，这一点是有线连接无论如何也做不到的。另外，在安装和部署成本上，大规模部署时，射频连接的成本也明显低于有线连接的成本。正是因为射频连接的种种优势，当前物联网几乎可以说是建立在射频连接之上的。

和手机等人们使用的终端一样，物联网也有多种射频协议可以选择，如Wi-Fi协议、蓝牙协议、蜂窝协议等。在这些协议中，蜂窝协议因为覆盖广泛、传输可靠，被应用于汽车联网、共享设备联网、智能物联网终端联网等，是近年来备受关注的协议类型。

蜂窝物联网协议的演进

人们将蜂窝协议应用于物联网的尝试从2G、3G时代就已经开始了。2000年初，当人们还在为手机新推出的"彩信"发送照片功能新奇时，一些物联网公司就开始研究如何让机器也能收到短信。这些公司开创了物联网模块公司的先河，物联网模块可以理解成给机器使用的"手机"，这部"手机"不需要给人看，所以没有屏幕，但它可以接收基站发过来的射频信号，并且可以转化为机器能听懂的控制信号，这样就实现了机器的联网。

天道酬勤，早期物联网公司的努力没有白费，伴随着人类对于物联网需求的爆发式增长，物联网模块公司也快速发展。同时，这些物联网模块公司的努力使人类看到了万物互联给人们生活带来的巨大改变，于是，协议组织、行业组织、运营商、上下游企业等，都加入物联网产品开拓中。

协议组织这时候也开始组织专门针对物联网的协议讨论，例如，3GPP在4G体系下，发布了专门针对物联网的LTE-M和NB-IoT协议，这些协议使更低的功耗、更低的成本、更大的连接数成为可能。到了5G时代，协议组织更加重视物联网应用，定义了三大场景，在这三大场景中，只有eMBB（增强移动带宽）场景是和手机应用关联较紧密的，其他两个场景，uRLLC（超可靠低时延）、mMTC（海量物联）都是为物联网量身打造的协议。可以说，物联网作为新兴的射频连接应用领域，正在被全世界广泛关注。

在蜂窝移动终端设备中，经常看到以"Cat x"来对标称设备的通信能力。除了最近如日中天的"Cat.1"，还有Cat.4、Cat.6、Cat.12等制式标准。"Cat"是Category（类别）的缩写。根据3GPP的定义，UE-Category代表的就是用户设备（User Equipment）等级，表明了终端所支持的上行和下行数据传输能力。UE-Category可简称为UE Cat，也叫终端能力等级。正如LTE的名字缩写的由来——Long Time Evolution（长期演进）一样，4G LTE 技术规范随着版本一次又一次的更新而演进，每次更新都会引入一些新技术和新UE Cat值。4G最早版本是Release 8（R8），后续还有R9、R10、R11、R12、R13、R14等（从R15开始定义5G UE的能力级别）。不同Cat的能力等级和能力对应如表4-4所示。

在实现上，不同Cat的终端采用不同MIMO数目、不同载波聚合数量、不同调制方式的方法，实现不同速度、不同成本的终端。例如，在Cat.1中，采用单天线射频方案，省去分集接收，方案也较为简化；在Cat.4中，双天线实现主集和分集，实现接收MIMO；在Cat.6及以上，根据终端网络能力实现多MIMO、多路载波聚合支持，提供更强大的通信能力。

目前，5G已经得到广泛普及。不过与智能手机所处的eMBB场景不同，许多物联网应用并不需要大带宽性能。相反，不少用例要求比5G eMBB场

表 4-4 Cat 能力等级对应

Cat.	Rel	Downlink				Uplink			
		最大传输速率 Mb/s	最大支持MIMO层数	是否支持256QAM	载波聚合数目	最大传输速率 Mb/s	最大支持MIMO层数	是否支持64QAM	载波聚合数目
0	R12	1	1	否	1	1	1	否	1
1	R8	10	1	否	1	5	1	否	1
2	R8	51	2	否	1	25	1	否	1
3	R8	102	2	否	1	51	1	否	1
4	R8	150	2	否	1	51	1	否	1
5	R8	299	4	否	1	75	1	是	1
6	R10	301	2或4	否	1或2	51	1	否	1
3	R10	301	2或4	否	1或2	102	1或2	否	1或2
8	R10	2998	8	否	5	1497	4	是	5
8	R11	452	2或4	否	2或3	51	1	否	1
10	R11	452	2或4	否	2或3	102	1或2	否	1或2
11	R11	603	2或4	可选	2或4	51	1	否	1
12	R11	603	2或4	可选	2或4	102	1或2	否	1或2

景更小的带宽、更低的功耗，以及更低的成本，3GPP开发了一种名为轻型版5G标准：5G RedCap（5G Reduced Capability），以满足物联网这一需求（见图4-16）。

RedCap并不是"红帽子"的意思。5G RedCap于2019年6月首次被纳入3GPP Release17研究项目。5G RedCap最早被称之为"低复杂度NR设备"，之后曾被命名为NR-lite、NR-light或IWSN（工业无线传感网络）。在现在大多数3GPP文档中，这个术语被标准化为"5G RedCap NR"，也就是5G Reduced Capability NR。

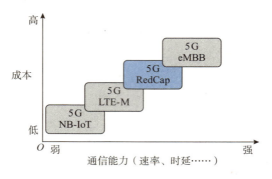

图 4-16 5G RedCap 的定位

从当前5G覆盖的业务场景来看，在5G定义的三大场景中eMBB主要针对大带宽应用，uRLLC主要针对高可靠超低时延应用，mMTC主要针对低速率、大连接的物联网应用。5G应用场景的定义看似全面，但其实一些场景需求依然没有覆盖到。例如，工业无线传感网要求通信服务可靠性达99%，端到端时延小于100ms，但对于速率的要求不高；可穿戴设备应用对于速率的要求下行在150Mb/s，上行最高50Mb/s，属于中高速率要求，但是对于功耗、设备电池使用时长及尺寸等有高要求，需要整体方案足够精简。显然，以上用例对于通信能力的要求要高于NB-IoT与LET-M，但要低于eMBB和uRLLC，并且方案需要足够简化。于是，针对这些物联网应用，3GPP着手定义"精简版"5G场景，即5G RedCap。

5G RedCap的定义还有对成本的考量，要普及5G物联网，就需要把终端价格降下来。当前市面上的5G模组价格在大几百元甚至上千元，价格成为大规模部署5G模组的阻力。5G RedCap背后的基本想法是：为物联网应用定义一种新的、不那么复杂的NR设备，它可以提供比LTE-M和NB-IoT更快的数据传输速度，但又比现在部署的传统5G NR设备简单、便宜得多。一句话：够用就好。基于以上思路，5G RedCap在带宽、MIMO、调制阶数等方面做了精简。精简之后的方案，可以更好地满足可穿戴设备、工业无线传感器、视频监控等领域应用。承担起"4G改变生活，5G改变世界"的重任。

物联网的产业链

虽然都是射频联网设备，但物联网产业链（见图4-17）却和手机产业链有明显的不同。在手机产业链中，芯片公司和用户之间只有一个手机公司，手机公司发现用户的使用需求，然后采购芯片进行方案实现，制造出成品手机之后交付用户。在物联网市场中，由于物联网应用更加多元和复杂，再也不存在一家公司能实现不同的应用需求，同时，面对不同市场和应用的公司也没有强的射频能力来设计自己的射频方案和系统。这个时候，就出现了物联网产业链里的重要公司：物联网模块公司。

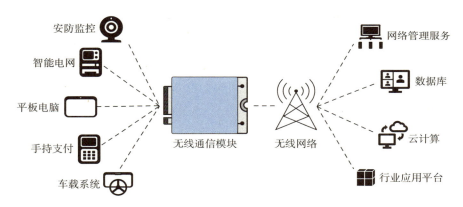

图4-17 物联网产业链

随着协议复杂度提升，通信制式增加，用于通信的射频系统也变得非常复杂。目前移动终端支持的频段数目达30个，并且每个频段都需要进行射频调试和适配，这就使射频工作量极大。并且由于射频知识也较为晦涩难懂，射频专业人员招聘和培养相对困难，除非是年销量极大的头部手机公司，其他中小规模有无线互联需求的公司，很难建立起完整的射频开发和调试团队。虽然射频技术复杂，工作量巨大，但其完成的功能却极其简单：射频就是把终端想要发射的信息，通过一定的形式发射出去；再把需要接收的信息，想办法接收并把信息提取出来。正是因为这种特点，物联网行业出现了一批提供专业通信、互联解决方案的公司。这些公司将通信功能进行设计和包装，在实现通信射频复杂功能的同时，保持接口简化，使用户不再去关注射频电路的实现，而是把精力放到上层的方案设计中。

物联网模块公司的产生伴随着物联网技术的发展和创新。随着人们对物联网功能需求的增加，需要有公司可以提供让设备联网这个服务。物联网模块公司提供不同类型和规格的物联网模块产品的设计和生产，如NB-IoT模块、4G模块、5G模块、Wi-Fi模块、蓝牙模块、GPS模块等，这些模块可以为不同的物联网应用提供联网功能支持。经过20年的发展，物联网模块公司已经成长为有规模的企业，一些头部企业还可以提供方案设计、生态构建、应用行业拓展等行业价值。

在射频方案上，当前射频方案主要由手机厂商所引领，物联网厂商的方案主要是复用手机射频方案，但对可靠性等要求进行加严处理。不过随着物联网应用越来越广泛，逐步开始出现为物联网专门定制的射频方案。

物联网射频芯片的特点

由于应用场景的不同，物联网对射频芯片的需求也和手机等消费品类不同。为了保障物联网设备安全、可靠、高效运行，同时也能适应恶劣的环境条件和多样的应用场景，一般物联网射频芯片需要满足工规需求，部分车载应用芯片还需要满足车规需求。工规需求对物联网射频芯片提出了以下要求：

• 工作温度范围：工规级芯片需要能够在极端的高温和低温下正常工作，一般要求在-40℃到85℃，甚至-40℃到125℃之间工作。商用芯片一般只要求在-20℃到85℃，甚至0℃到70℃之间工作。

• 高可靠性：由于更换成本高，工规级芯片要求芯片在各种场景和环境下有高可靠性，使芯片在不同应用中不能出现失效、烧毁等现象。

• 工作稳定性：工规级芯片需要能够适应高湿、高震动、高温度循环等恶劣环境变化，商用芯片一般只要求在稳定的环境中工作。

除了应用环境和可靠性需求的不同，根据应用场景的特殊性，物联网射频芯片还有另外的特点，如低功耗、小型化、支持软件升级等。

对于部分物联网应用，由于应用环境的原因，无法做到经常性更换电池，这就需要物联网射频芯片支持低功耗，来延长电池寿命，降低维护成本。例如，NB-IoT芯片可以实现10年以上的电池寿命，适用于不需要频繁通信的场景，如水表、烟感、停车位等场景。

部分物联网应用空间受限，需要小型化、轻质量的设计，如可穿戴设备、智能眼镜、小型工业设备等。小型化的物联网射频芯片可以实现更多的产品设计和创新，满足不同客户和行业场景的需求。

和手机一般2年左右的换机时间不同，物联网设备在部署之后需要长期使用。在楼宇、桥梁、电网设备中部署的物联网设备，需要使用几年甚至十几年。在这个使用过程中，快速发展的通信协议可能已经经过了多次迭代和更新，这时，需要物联网射频芯片有软件升级的功能，来匹配协议的最新进展。

车联网的射频实现

智能汽车是当今科技领域的热门话题。相较于传统汽车，智能汽车不仅能提供更加舒适、安全、高效的驾乘体验，还能实现与其他车辆、基础设施、云端等的互联互通，从而打造一个智慧出行的生态系统。汽车行业也因此正在经历一场前所未有的变革，这场变革被称为汽车的新四化，分别是电气化、网联化、智能化、共享化。其中，网联化是新四化的基础和核心。网联化是指汽车通过各种通信技术与车内设备、车际设备、云端设备进行车联网，实现数据交换、信息共享和服务协同。

车联网通信技术是指在交通环境中，实现车辆内部、路侧单元、行人、云端服务之间的信息交互和协同的技术。根据连接范围的不同，在此将车联网通信技术分为三类讨论，分别是车内互联、车际互联和车云互联（见图4-18）。其中，车内互联用于实现车内多种多样的灵活互联；车际互联用于连接车辆与周边车辆、路侧单元、行人；车云互联用于连接车辆与云端。车联网中的部分通信技术如图4-19所示。

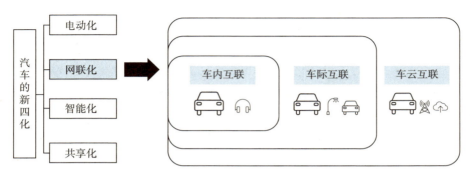

图 4-18　智能汽车的新四化及网联化

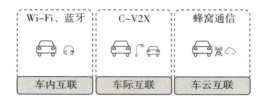

图 4-19　车联网中的部分通信技术

车内互联

车内互联技术主要实现汽车与车内物体的互联，如手机、车钥匙、临时接入的车内计算机等。所使用到的通信技术一般为近距离的无线通信技术，主要有 Wi-Fi、蓝牙、NFC、UWB。车内互联一般采用多种通信技术灵活互联的方式进行，可以根据场景的传输速率、成本、距离等，综合选取最为合适的传输技术。另外，也可以使用多种技术相结合（见图4-20）。

车际互联

尽管蜂窝网络覆盖范围广、产业链成熟，是汽车实现最初联网功能的首选通信技术，但蜂窝网络用作车际互联使用的时候也有一些弊端。例如，连接蜂窝网络必须基于基站建设，这就使车际互联只能在有基站的地方使用；所有汽车都连接蜂窝网络（接入网-核心网）进行通信，导致更大的时延；车辆直接互联的创新场景，如车队编队、路侧感知等功能无法有效实现。于是，业界就开始开发专门给汽车使用的通信技术，这其中的代表技术就是3GPP所推动的C-V2X。

设备/通信技术	Wi-Fi	蓝牙	NFC	UWB
 📱	✓	✓	✓	✓
 🔑		✓	✓	✓
 🖥	✓	✓		

图 4-20　部分车内设备使用到的通信技术

C-V2X是一种为车辆设计的专门网络，它可以让车辆与其他车辆、路侧基础设施和行人直接通信，从而提高道路安全和交通效率，并且C-V2X不依赖于网络覆盖，可以在没有基站的情况下实现低时延、高可靠的直接通信，C-V2X还可以利用5G技术提供更高的速度、更低的时延和更大的容量，从而支持更多的创新场景，如自动驾驶、车队编队、扩展传感器、远程驾驶等。C-V2X还可以与现有的蜂窝网络和生态系统兼容，降低部署成本和复杂度。

和传统蜂窝网络相比，C-V2X实现了自组网的原因是引入了短距离接口，一般称之为PC5接口，或者Side-link接口。称其为Side-link的原因是它只负责和旁边（Side）的物体连接（Link），又称其为PC5的原因是短距离互联所需要的功率等级比较低，天线口为20dBm，是3GPP所定义的第5功率等级（Power Class 5）。Uu接口与车云互联中提到的蜂窝网络互联无异，因为连接的是用户终端（User Equipment），这个连接在LTE时代的一些标准定义被称为Uu，这个接口名称也在C-V2X中被沿用下来。这个接口的技术规格与3GPP所定义的手机规格一致，并没有新的特性。C-V2X中的两种通信接口如图4-21所示。

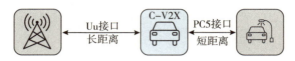

图 4-21　C-V2X 中的两种通信接口

车云互联

车云互联是指将汽车和云端服务器连接起来，这样就可以实现对车辆状态、位置、行驶数据等信息的采集和传输，并提供基于云端计算和大数据分析的各种信息服务。与云端互联之后，车辆就可以实现很多丰富的功能。例如，对车辆进行远程控制，通过手机可以远程控制车辆的启动、开门、空调、音响等功能，也可查看车辆实时状态，进行故障诊断等；进行互联导航，通过云端的地图数据和路况信息，可以为驾驶者提供最优的导航路线，也可以根据驾驶者的偏好和出行场景，推荐附近的停车场、加油站、餐厅等服务点；进行内容下载，通过连接云端服务器，可以将音乐、视频、新闻、游戏等内容，下载到本地；进行车辆智能升级，通过蜂窝网络，可以实现对车辆的软件和固件的远程升级，提高车辆的性能和安全性，也可以根据车主的需求，定制个性化的功能和设置；进行智能交通、智能城市管理，通过将车辆连接至云端，就可以实现城市车辆的统一管理，实现更好的资源配置及交通智能优化。与云端互联有诸多好处，也成为车联网必须实现的功能之一。目前车联网主要是通过与蜂窝网络的连接，实现与云端服务器的互联，实现数据传输。

车联网的硬件实现

在硬件实现上，汽车通信功能是依靠智能网联模组T-Box来实现的。智能网联模组一般设计成SoC+通信模块集成的形式，直接与智能座舱系统集成。T-Box全称是Telematics Box（远程通信盒子），T-Box与智能网联模组中负责通信的主要功能模块是"通信模块"，而通信模块中实现无线互联的是射频前端芯片。

T-Box中的"T"是Telematics的缩写，Telematics是Telecommunication（电信）与 Informatics（信息科学）的合成词，是包含通信网络及信息处理的功能模块，T-Box一方面接入汽车总线，掌握车辆信息、整车控制信息，一方面又负责接入通信网络，实现网络通信功能。T-Box的重要性在于车辆的车内、车际、车云通信功能需要由T-Box实现。T-Box一般放置于中控台下方，由MCU、4G或5G通信模块、Wi-Fi通信模块等多个电路模块构成（见图4-22）。

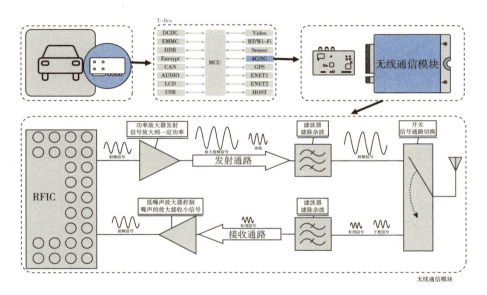

图 4-22　T-Box 及通信模块

通信模块是T-Box与智能网联模组中负责无线通信的单元。一般由独立的模块厂商进行设计，射频前端芯片中的PA、LNA、滤波器、开关等就位于通信模块中。按照汽车产业链的划分方式，射频芯片相关产业链可划分如图4-23所示。

车规级芯片的需求与演进

车规级芯片和商用芯片在规格上有很大的不同，主要体现在以下几个方面：

- 工作温度范围：车规级芯片需要能够在极端的高温和低温下正常工

作，一般要求在-40℃到85℃，甚至-40℃到125℃之间工作；商用芯片一般只能在-20℃到85℃，甚至0℃到70℃之间工作。

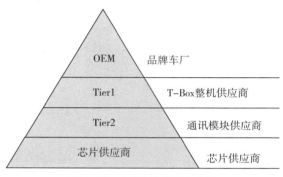

图4-23 车载射频芯片产业链

• 工作稳定性：车规级芯片需要能够抵抗车辆运行过程中产生的各种干扰，如电磁干扰、电压波动、振动冲击等；商用芯片一般只能在相对稳定的环境下工作。

• 不良率：车规级芯片需要有很低的不良率，目标为0 DPPM（Defect Part Per Million，每百万失效数）；商用芯片一般要求为100 DPPM左右。

• 功能安全：车规级芯片需要遵循ISO 26262等功能安全标准，保证在出现故障时能够及时检测、隔离和恢复，避免造成严重后果；商用芯片一般没有这样的要求。

• 认证流程：车规级芯片需要通过ITAF16949等质量管理体系认证，以及AEC-Q系列产品质量认证，证明其符合汽车行业的要求；商用芯片一般只需要通过普通的质量检测。

正是因为以上原因，车规级芯片的价格也会高于商用芯片。成本的提升主要来自应用于车载时所做的必要的质量控制与标准认证。

车联网后，智能汽车可以利用先进的信息通信技术，实现车与车、车与路、车与人、车与云等多方面的网络连接，提高交通安全性、效率和智能化水平。车联网将是未来智能汽车发展的大势所趋。

在车联网发展中，车联网芯片也会随之演进、优化，在未来车联网芯片的发展中，我们看到有以下趋势：

- 车联网芯片的市场需求将持续增长。随着5G、C-V2X等的推广和应用，车联网芯片需要支持多模双通，具有高速率、低时延、高可靠性等特性，同时还需要满足车规级的可靠性和安全性要求。
- 芯片厂与整车厂将有更多协同。随着车联网技术的发展，以及对车联网技术的提升，目前"整车-T-Box-物联网模块-射频前端芯片"的车联网产业链条太过冗长，未来可能出现整车厂与射频前端芯片厂商直接协同，推进车载射频连接技术快速发展的情况。
- 标准化将逐步完善。车联网芯片需要遵循统一的标准和规范，以保证兼容性和互操作性，同时也需要支持标准的前向演进能力，以适应未来的技术变化和业务需求。目前，车联网芯片的标准伴随行业发展逐步演进中，车联网芯片的标准也将逐步完善。

射频前端芯片中的接口技术

作为整个系统中的一部分，射频前端芯片必须和基带芯片、射频收发芯片相互联系，做好控制与受控，做好信号的输入与输出。在射频前端芯片与其他芯片的联系中，除了射频信号的连通，还有另外两大接口，分别是控制接口、电源接口（见图4-24）。控制接口负责对射频前端芯片的工作状态和参数进行控制与调节，常见的类型有如下几种。

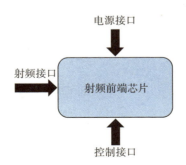

图4-24　射频前端芯片与外界电路的接口

GPIO：最简单的控制电路

GPIO 的全称是 General Purpose Input/Output，中文为通用输入/输出接口。GPIO 可以作为信号输入或输出使用，与外部硬件设备进行连接和通信，可以对硬件进行控制，或者采集外部硬件的数据。GPIO 的历史可以追溯到集成电路发展的早期，在最早的集成电路中，芯片的功能是固定的，接口电路的功能也是固定的，不能进行灵活的配置与组合。但随着集成电路的规模和复杂程度的增加，出现了可编程逻辑器件，这些器件可以通过编程来实现不同的逻辑功能，这时就需要接口电路也可以被软件控制，于是 GPIO 就出现了。

GPIO 的功能比较简单，用高低电平分别表示"1"和"0"。GPIO 中没有对每个管脚的用途做特殊定义，单个管脚的信息仅与自身管脚相关，可以方便地任意改造使用。GPIO 中也没有对管脚个数做限制，所以可以灵活地扩展。GPIO 在一些简单的信号指示及简单的逻辑控制中得到广泛的应用。

在射频前端芯片中也不例外，一些模式简单的开关、早期的 PA 模组等会采用 GPIO 进行模式的控制。GPIO 可以控制的状态数目和 GPIO 数目相关，一个 GPIO 可以控制 2 个状态的切换，2 个 GPIO 可以控制 4 个状态的切换，多个 GPIO 可控制的状态以 2 的指数次幂类推，非常直观。

随着射频前端越来越复杂，GPIO 可以控制的状态数目显得有些力不从心。如果要控制数十个状态，则需要 4 个甚至更多的 GPIO，这在接口管脚设计及控制引线的实现上，都是不现实的。所以，目前主要在对简单器件的控制中使用 GPIO。

MIPI RFFE：射频芯片广泛使用的控制接口

MIPI（Mobile Industry Processor Interface）协议是 MIPI 联盟（MIPI Alliance）提出的用于标准化移动终端系统各器件间通信的通信协议。MIPI 联盟于 2003 年成立，其初衷是为了标准化显示接口。经过多年发展,MIPI联盟已经发布了50多份标准,应用领域也扩展至汽车、工业、AR与VR等领域。MIPI联盟拥有包括终端厂商、器件厂商、平台厂商及测试厂商在内的339个会员单位。MIPI协议成为手机终端各器件通信的主流标准协议。

MIPI RFFE(MIPI RF Front-end)协议是MIPI联盟在2010年推出的用于移动终端射频前端控制的控制接口标准。在MIPI RFFE协议推出之前,射频前端的控制解决方案复杂,如果用并行的GPIO进行控制,需要的接口过多,成本过高;一些厂商开始自定义串口控制,不过由于通信协议复杂,需要考虑复杂的软件控制和时序控制,实现困难,并且自定义串口也不利于不同厂商器件的通信。于是,2010年,MIPI联盟推出用于射频前端控制的MIPI RFFE协议。MIPI RFFE协议总线由一根电源线(VIO)及两根控制线(SCLK和SDATA)构成,实现简单,易于部署,可实现时序范围要求内的近实时控制(见图4-25)。

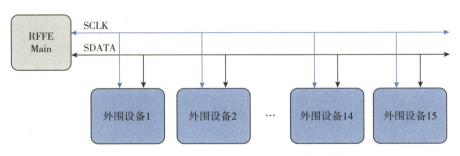

图4-25 MIPI RFFE V1.0版本中所提出的系统架构

MIPI RFFE协议可以支持多设备、多功能、多速度,是一种专用而强大的射频芯片控制接口标准,它可以实现射频芯片的简化和优化。在过去10年中,无线终端通信协议从3G演进至4G、5G,MIPI协议也不断演进。目前,MIPI协议已演进至V3.0版本,支持多种触发模式,适应5G通信系统中更多器件及更严苛的时序控制要求。各个版本的MIPI协议在演进时增加的主要特性如表4-5所示。

表 4-5 各个版本的 MIPI 协议的新特性

MIPI RFFE 版本	推出时间	主要新特性
V1.0	2010年7月	·首次发布 ·26MHz ·支持3种触发模式
V1.1	2011年11月	·漏洞修复 ·无重大更新
V2.0	2014年12月	·同步读取 ·速度扩展至52MHz ·支持多主（Multi-Master） ·扩展预留寄存器空间
V2.1	2018年4月	·遮罩写入（Masked-Write） ·扩展触发模式 ·扩展寄存器
V3.0	2020年4月	·更多的扩展触发模式支持 ·计时触发模式（Timed Trigger） ·映射触发模式（Mappable Trigger）

电压、电流、功率信号：模拟接口

在射频芯片的使用中，还需要一部分模拟信号接口，用于控制和反映射频芯片的功率、温度等其他信息，除了用 MIPI RFFE 等数字接口将这些信息数字化之后输入、输出，还有可能直接利用电压、电流、功率等模拟信息，直接对信号进行输入与输出。

例如，在 2G 射频 PA 中的 Vramp 接口，就是一种用于控制射频 PA 的电压调节接口，它可以根据不同的信号需求，动态地调节 PA 的输出功率及效率。这个接口与射频收发机或基带芯片相连，实现对 PA 功率的控制和管理。

射频芯片中常用的功率耦合端口也是一个模拟信号输出端口，这个端口通过对内部输出的射频芯片耦合出一小部分进行输出，用于测量射频芯片输出功率或反射功率。一般来说，功率耦合端口的耦合系数设计在10dB到30dB之间。

降压电源：Buck 及 LDO 电源

在射频前端系统中，需要不同电压的电源，如在MIPI电路中的电源VIO，一般需要1.2V或1.8V的电压。在LNA的V_{dd}中需要1.2V、1.8V的电源，并且需要有数十毫安的电流能力。在PA的V_{cc}中需要支持0.5~3.4V或0.5~5.5V的电压调节，并且支持近千毫安的电流能力。这些对电源的不同需求，需要用到不同的电源接口。

在电源接口中，有两种电源类型，分别是将较为固定的电池电压（一般典型值为3.8V左右）向下降压成不同电压的降压电源；以及可以将电压提升至超过电池电压的升压电源。在降压电源中，主要有Buck和LDO两种实现方式。

Buck是一种降压型的DC-DC（直流到直流）转换器，它的工作原理是利用开关管的切换动作，通过调节能量的占空比来控制输出电压的大小。Buck的优点是转换效率高，可以承受较大的输入输出压差和输出电流，一般适用于高输入输出压差、高输出电流（可以到安培级）的电流输出。Buck的缺点是需要较大的外部电感和电容，来完成"Buck"（电压反转切换）的动作。另外，由于开关管的切换动作，会造成一定纹波，这在设计中也需要仔细设计考虑。

LDO（Low Dropout Regulator）中文称为低压差线性稳压器，LDO是利用一个调节管来调节输出电压，以达到目标电压的。LDO只是在完成电压的平移转换，而不是在做能量转换，所以LDO在转换时会造成能量损失。LDO的优点是没有使用到开关元件，外围元件少，体积小，并且纹波也更小。但LDO的转换效率决定了其无法被应用到高电流输出的场景。在手机射频方案中，LDO一般被应用到对电流能力要求不高的控制电源接口中。

在手机射频方案中，一般采用PMIC（Power Manage IC）芯片来进行电源接口的管理与输出。在PMIC芯片中，一般有多组电源接口，方便射频、屏幕、传感器等不同模块的电源接口需求。

除了降压，还要升压：Buck-Boost电源

在一些电路中，尤其是在对高功率有高需求的PA电路中，需要有高的电压供电需求。当需求的电压超过电池的电压时，只具备降压功能的Buck电源和LDO电源就无法满足供电需求，这时就需要使用升压电源，升压电源一般称为Boost电源。电源兼顾升压与降压功能时，称为Buck-Boost电源。

与Buck电源相同，Boost电源也是利用开关管的切换动作，通过调节占空比来控制输出电压的大小的。与Buck电源不同的是，Boost电源利用了电感的储能与放能作用，使储能能量与输入能量再叠加，形成高于输入电压的输出电压。

Boost电源也有缺点，一般Boost电源需要用到更大的电感，并且效率也低于Buck电源。

ET电源：快速跟踪电压需求

ET（Envelope Tracking）是一种电源管理技术，中文为包络跟踪，它的原理是根据信号的包络变化，动态地调节电源输出电压，实现整体方案的高效率和低功耗。传统电源与ET电源对比如图4-26所示。

在现代通信技术中，射频信号包含的信息越来越广泛，信号的幅度不再是恒定不变的，而是也带有了很多信号。这个不再恒定不变的信号幅度随时间变化形成的曲线，就叫信号的包络。既然信号的幅度是随时间变化的，那么采用恒定的电压供电就不再经济。如果电压过低，则在大幅度信号进入时会出现失真；如果电压过高，那么小幅度的信号通过时又会有电源能量的浪费。于是能够跟踪信号幅度变化而变化的包络跟踪电源——ET电源就被发明出来了。

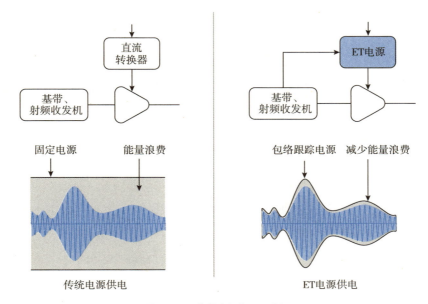

图 4-26　传统电源与 ET 电源

　　ET 电源的原理比较简单，但实现起来却相当复杂。ET 电源需要另外一颗电源芯片实现电源的包络跟踪，并且需要准确的算法来实现电源与输入信号的对齐，这些挑战都限制了 ET 电源的使用。如果说这些挑战都是可以通过仔细设计来解决的，那么 5G 信号带宽的不断增加给 ET 电源带来的影响就比较致命了。信号带宽越大带来的信号包络越快，这就需要 ET 电源能够更快地跟踪包络变化，这给电源设计带来了很大的挑战。另外，更快变化的电源芯片本身就需要消耗更大的电流，当 ET 电源的电源转换效率不足以弥补 PA 提升的效率时，ET 电源的优势将不再存在。

射频芯片的模组化趋势

　　射频前端的集成模组方案与分立方案相对应。发射通路中的模组化是指将 PA 与开关及滤波器（或双工器）做集成，构成 PAMiD 等方案；接收通路的模组化是指将接收 LNA 和开关与接收滤波器集成，构成 L-FEM 等方案。

集成模组方案与分立方案的区别如图4-27所示。

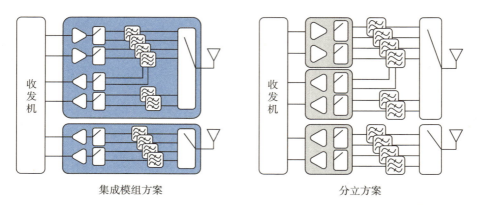

图4-27 集成模组方案与分立方案实现的射频前端系统

在3G及4G的早期时代，手机需要覆盖的频段不多，射频前端一般采用分立方案。到了4G多频多模时代，手机需要众多器件才能满足全球频段的支持需求，射频前端也变得越来越复杂；同时，分立方案在一定程度上无法满足高集成度、高性能的需求，集成模组方案得到了规模化采用。目前，iPhone及安卓手机的高端机型已经全面采用模组化方案。

集成模组方案的前世

在射频前端集成模组方案中，最具代表性的就是发射通路的PAMiD模组。PAMiD是PA Module integrated with Duplexer的缩写，早期也被称为PAD，是集成了PA、开关与滤波器的模组。

最早的PAMiD可追溯到2000年初，两家先驱型射频前端公司Triquint及Agilent看到集成模组具有高集成、高性能及低成本的优势，开始做集成模组的尝试，两家公司均取得了开创性的进展。

Triquint是当时领先的CDMA射频前端供应商，在并购了滤波器厂商Sawtek后，Li Ping、Souchuns和Henderson等于2001年前后开始了集成模组产品TQM71312的研发，并于2003年推出该产品（见图4-28）。

2003年，Microwave Journal 报道了该产品的工作，指出集成模组设计将带来高性能、高集成度、小尺寸及高易用性，取得了40%的平均电流降低。这是行业内第一个公开发布和报道的集成模组产品，在后续行业综述中，这项工作被引用为集成模组产品的开端。

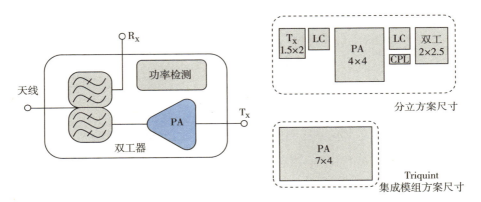

图4-28 Triquint 于 2003 年推出的集成模组产品 TQM71312

在报道中，Triquint的集成模组产品系列命名是Tritium™。功不唐捐，先驱者的付出并没有白费。苹果公司在2008年推出的首款支持3G的iPhone手机——iPhone 3G中，首次采用了集成模组方案。iPhone 3G中用于支持3G信号的射频前端就是Triquint Tritium™ III系列集成模组芯片。Triquint于2014年与RFMD公司合并成立Qorvo公司，Triquint在集成模组的优势，在Qorvo时代依然延续。

关注到PAMiD的另外一家公司是Agilent，Agilent是有悠久历史和传承的射频前端厂商，源于惠普。Agilent于2001年开始实现FBAR滤波器的量产，到了2002年，FBAR滤波器实现了千万级出货，这时，将自己的射频PA产品与滤波器产品做整合成为顺理成章的选择。AFEM-7731是Agilent于2005年推出的CDMA PAD产品（见图4-29）。与Triquint公司的TQM71312类似，AFEM-7731内部集成一路CDMA PA及一个双工器。得益于FBAR的低插损，Agilent表示AFEM-7731可以取得优秀的线性和效率性能。

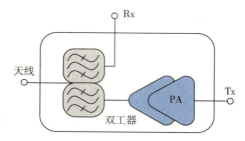

图 4-29　Agilent 于 2005 年推出的 CDMA 集成模组产品 AFEM-7731

或许是看到射频前端巨大的发展前景，2005 年 12 月 12 日，Agilent 的射频前端部分从 Agilent 独立出来，成立新公司 Avago。Avago 成为当时最大的非上市独立半导体公司，并于 2009 年上市。2016 年，Avago 与 Broadcom 合并，新公司更名为 Broadcom。尽管 Avago 具有 FBAR 技术带来的滤波器性能优势，但在 2000 年初，它的射频功率放大器处于弱势，集成模组产品的进展并不尽如人意。直到 2010 年前后，基于新工艺和新功率合成架构的射频功率放大器获得性能优势，进而带动了集成模组产品的成功。2012 年起，Avago 的 PAMiD 产品及之后的 Broadcom 的射频前端集成模组产品，被大量应用于 iPhone 系列手机中。

2010 年，苹果推出 iPhone 4 手机，单款机型销量超过 5000 万部，是当时最成功的 iPhone 手机。从 2010 年开始，苹果公司开始了对智能手机的全面引领。在 iPhone 4 手机中，依然采用 Triquint 的 Tritium™ 系列 PAMiD 方案实现 3G 射频前端。在 2012 年发布的首款支持 4G 的 iPhone 手机——iPhone 5 中，采用了 Triquint、Avago 及 Skyworks 的集成模组产品。苹果继续坚定地采用集成模组方案。

在这一时期，射频前端供应商在模组化方面也进行了大量的投入。为了实现模组中模块的优势整合，一系列射频前端公司也进行了合并：

- 2014 年，RFMD 宣布与 Triquint 合并，成为 Qorvo 公司。

- 2014年，Skyworks与松下成立合资公司，2016年Skyworks将合资公司全资收入旗下。
- 2017年，高通宣布与TDK成立合资公司RF360，2019年高通将合资公司全资收入旗下。

除了在苹果手机中使用的定制化射频前端集成模组方案，各个射频前端供应商开始将集成模组产品推向公开市场。Skyworks在2014年推出SkyOne®方案，Qorvo也在2014年推出RF Fusion™方案。Skyworks在对SkyOne®方案的介绍中指出："SkyOne®是首款将多频功率放大器及多掷开关同所有相关滤波、双工通信及控制功能整合在一个单一、超集成封装当中的芯片，所用空间还不到行业最先进技术的一半。"

虽然PAMiD模组方案有诸多的性能优势，但其供应劣势也相对明显：厂商必须同时掌握有源（PA，LNA，开关）及无源（SAW，BAW，FBAR）等能力，才有办法设计出PAMiD模组。同时掌握这些资源的厂商只有Skyworks、Qorvo、Broadcom及Qualcomm等少数具有完整资源的厂商。于是，华为、三星等终端公司着手推动FEMiD（Front-end Module integrated with Duplexer）方案。FEMiD是将天线开关及滤波器整合为一个模组，交由滤波器公司提供；PA依然采用分立方案，由PA公司提供。这种方案有效地发挥了无源公司与有源公司的特长。华为、三星等终端公司也因此摆脱了对PAMiD厂商的绝对依赖。不过由于没有充分的生态，FEMiD方案并没有在公开市场得到广泛使用。

5G射频前端集成模组的今生

与iPhone中集成模组方案的绝对主流相比，早期公开市场的集成模组方案推广并不顺利。原因是Skyworks与Qorvo各自定义，所推广的方案并不兼容，在技术上和供应上都给平台适配和客户使用造成困扰。为了解决方案统一的问题，MTK平台、国内头部手机厂商及Skyworks、Qorvo射频前端厂商联合发起Phase6系列射频前端集成方案定义。在Phase6方案中，Low Band（包括2G）与Mid/High Band两颗PAMiD芯片构成完整发射方案。

由于方案归一，并且终端厂商、平台厂商及芯片厂商联合参与定义，Phase6系列方案自2016年推出后，得到华为、小米、OPPO及vivo等手机厂商的认可，在对于性能及集成度有高要求的高端手机中得到使用，集成模组方案得到了普及。5G到来之后，Phase6系列方案演进至Phase7与Phase7L，以及Phase8系列方案，依然维持了PAMiD模组化定义。

射频方案的模组化趋势

在射频前端方案中，一直以来有一个讨论：最优方案究竟是L-PAMiD方案，还是分立方案？尤其是在分立方案提供争厂商越来越多，竞争越来越充分，价格越来越低的情况下，大家不禁要问，模组化方案还有必要吗？

模组化方案代表未来趋势。以L-PAMiD方案为例，L-PAMiD方案是一种集成化的方案，它将PA、滤波器、开关、LNA等器件集成在一个模组芯片中，实现收发通路的高集成度。相较于分立方案，L-PAMiD方案有以下优势：

- L-PAMiD方案可以减少器件数量与印制电路板（PCB）面积，降低设计复杂度和成本，提高了系统的可靠性与稳定性。
- L-PAMiD方案可以减少不同模块间的损耗，提升射频性能，降低射频功耗，提升用户的射频体验。
- L-PAMiD方案可以减少共用性硬件使用，降低分立器件的测试、生产成本，使整体拥有更低制造成本。

综上所述，相较于分立方案，L-PAMiD方案在集成度、性能、制造成本方面有更大优势，长远来看，集成模组方案是终端射频方案的演进趋势。

值得一提的是，市场中分立方案的价格比L-PAMiD方案的价格更低，这是因为分立方案可以采用更低成本的工艺来制造。例如，部分分立方案采用低成本的GaAs HBT晶圆来制造，而L-PAMiD方案在设计之初会选择较为成熟的工艺来进行设计。加之可提供分立方案的厂商较多，竞争充分且激烈，甚至会出现不正当竞争，造成分立方案售价过低。另外，L-PAMiD模组芯片中有功能冗余，造成L-PAMiD方案无法像分立方案那样快速针对应用减少冗余模块使用。

随着国内越来越多优秀的射频前端厂商的加入，L-PAMiD方案供应商增多，L-PAMiD方案一定会形成优化的供应链、良好的竞争，以及应用导向的设计。L-PAMiD方案与分立方案之间的成本差别，也将逐步趋于理性及合理。

射频芯片的软件化趋势

软件化是射频芯片的另一个发展趋势。射频芯片的软件化是指可以通过软件更新来改善射频芯片的功能和性能，通过软件配置来实现射频芯片的多模式、多频段、多协议切换，提高通信效率和兼容性。

一套硬件无限使用，芯片需要软件化

在芯片的发展过程中，一个重要的趋势就是芯片的软件化。早期的芯片只能支持一个单一的功能，而现在的芯片可以运行复杂的程序，只使用同一套硬件，就可以完成无限场景的多重使用。

芯片在进行软件化设计之后，优势明显。首先，软件化的芯片可以适应多样化场景的需求，可以根据不同的应用需求和工作环境，通过软件调整芯片参数和功能，实现芯片的可重构与可编程，提高了芯片的通用性和兼容性，减少了芯片的设计和生产周期，降低了芯片更新成本。其次，软件化的芯片可以利用数字化的处理方法，如数字信号处理器（DSP）来实现复杂的信号处理，实现复杂的通信功能。最后，软件化的芯片给新技术发展和创新提供便利，例如，最新的5G、人工智能、物联网等应用，都可以通过芯片中的软件进行功能实现与功能模拟，不需要在前期就投入大量成本进行专用芯片生产，从而降低了方案开发成本，支持了新技术的快速部署和应用。

射频芯片的软件化历程

芯片在射频系统中的应用极大地拓展了射频系统的能力，这种能力的拓展不止来自高性能、小型化晶体管对于高功耗、大体积的电子管的替换，还来自复杂计算能力对于射频通信系统的能力提升。芯片对于射频系统能力的提升的代表性事件是软件定义无线电（Software Defined Radio，SDR）。

软件定义无线电的起源可追溯到1980年前后，1984年，美国Raytheon公司首次提出"软件定义无线电"这个术语，并推出一种数字基带接收机，用以提供可编程的宽带射频信号接收。1991年，Raytheon公司又将软件定义无线电的概念扩展至整个收发机中。之后，越来越多的公司加入软件定义中来，TI公司与高通公司分别于2003年及2005年实现了软件定义多模数字基带，以及多频多模射频收发机。目前，在射频收发机芯片中，已全部实现软件定义化。如果打开一部同时支持2G、3G、4G、5G全球频段的手机，那么会发现射频收发机功能和调制解调器功能只需一颗芯片就可实现，这颗芯片通过软件的方式实现多个频段、多个模式的切换及信号处理（见图4-30）。

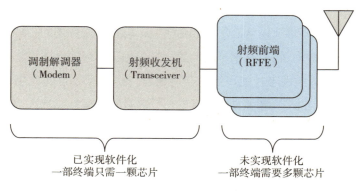

图4-30　射频收发和Modem芯片实现了软件化

射频收发机芯片的软件化的实现得益于CMOS工艺的快速发展，在最新的手机处理器芯片中，指甲盖大小的芯片里集成了200亿个晶体管，这些晶体管实现的复杂运算，帮助射频收发机芯片完成软件化切换。射频前端芯片就没有这么幸运了，为了达到极限的射频性能，射频前端芯片一般通过GaAs HBT、SOI等特殊工艺进行设计，这些半导体工艺虽然也是实现集成电路的重要工艺，但因为并不是用作数字逻辑使用，这些器件并不需要随着摩尔定律的趋势发展。并且在射频高功率、高性能的应用中，由于更先进的工艺在应用电压、输出功率上的限制，反而会使用相对大尺寸节点的工艺来进行电路设计。例如，在手机应用中，作为PA使用的GaAs HBT工艺普遍在2微米尺寸，而用作开关、LNA使用的SOI工艺也普遍在130纳米尺寸，相比于数字电路使用的5纳米及以下尺寸来说，有着两个数量级的差别。特殊工艺的使用使射频前端芯片成为射频芯片实现软件化的最后一角。

向最后一角发起冲击

面对射频芯片实现软件化的最后一角，众多先驱企业和研究团队发起冲击。自20世纪90年代实现射频收发机芯片的软件化之后，一些企业开始将研究重点转向射频前端的软件化设计中来，Paratek是其中的代表。1998年，Paratek尝试采用变容二极管（BST）进行软件调谐射频前端的设计，Paratek利用变容二极管等效电容的压变特性，实现阻抗可调谐的匹配网络，通过这种方式，实现射频前端的灵活切换。使用变容二极管的优势是可以实现大调谐范围的调谐控制，但变容二极管的高压特性，以及差的一致性、无法集成的特性，使此方案无法在高集成度的射频前端模组中大规模应用。

为了改善变容二极管作为调谐器件的弊端，一些公司开始尝试可以与PA、LNA等工艺结合的半导体技术设计制造调谐器件。Qorvo、Anadigic等公司在2003年前后开始采用BiHEMT工艺设计与其他射频器件在同一个晶圆上的开关，BiHEMT是Biploar HEMT的缩写，利用这种工艺，可以在一个晶圆上实现HBT与HEMT器件，HBT器件适合做PA，HEMT器件适合做开关、LNA。利用HEMT实现开关切换的匹配网络，就可以实现电路的调谐功能。由于可以实现在同一个晶圆上的设计，实现调谐电路与原射频电路的集成，这种设计方法在当时引起了广泛的关注，稳懋半导体等化合物代工厂也投入资源进行BiHEMT工艺的开发。不过由于BiHEMT工艺应用范围较小，生产良率也较低，BiHEMT工艺的成本问题一直没有得到很好的解决。另外，BiHEMT工艺实现的开关器件尺寸大，也无法实现复杂的控制电路，依然需要借助额外的如CMOS晶圆来进行电路控制。这些问题都限制了BiHEMT工艺的大规模应用。在此方案推出了近20年后，业界企业陆续暂停了这个方向的投入与研究。

在21世纪初，随着MEMS工艺的兴起，MEMS工艺也被应用到射频电路中。采用MEMS工艺制作的射频开关插损小、耐压高，在一些高端的手机终端等射频电路里开始应用。MEMS在射频领域应用成功后，部分厂商开始尝试用MEMS工艺来设计软件调谐的射频电路。Qorvo、Wispry等公司先后投入研究。虽然可以使用优秀射频性能的开关器件对电路进行调谐，但MEMS电路遇到了和变容二极管相同的问题：无法做大规模集成。并且，MEMS工艺作为开关应用也逐步遇到了瓶颈，接触型MEMS开关可靠性差，电容型MEMS开关成本高，这些都使MEMS工艺在射频电路中的应用受到制约。在2015年前后，这些厂商陆续停止了在这个方向的投入。

从2011年开始，慧智微、村田（收购Peregrine）、高通等公司开始利用RF-SOI工艺设计可调谐的射频前端（见图4-31）。RF-SOI是一种特殊的CMOS工艺，它利用衬底中的绝缘层来实现器件的低损耗与高性能。SOI最早被应用于高速数字电路中，2000年开始，Peregrine等公司意识到其在射频领域可能会有良好的应用，于是就开始采用SOI工艺做射频开关。这一点在一开始并未得到重视，因为基于SOI工艺实现的CMOS器件。击穿电压较低，并不适合射频开关中的大功率、大电压摆幅使用。在2005年，射频行业另一件划时代的事件出现了，聪明的工程师利用多个SOI晶体管串联叠加分担承受高电压的架构，突破了SOI工艺的高耐压设计，实现了满足手机应用的开关。在RF-SOI工艺实现这种开关之前，这种开关都是采用很贵的pHEMT或MEMS工艺进行设计的，RF-SOI工艺的出现给了射频电路新的工艺选择。

只能用来做pHEMT及MEMS工艺的替代还不足以使RF-SOI工艺风靡全球，让RF-SOI工艺受到广泛青睐的原因是其具有与CMOS工艺兼容的特性。RF-SOI工艺与CMOS工艺除了衬底区别，别无二致。这样就可以使RF-SOI工艺极大化地复用CMOS工艺的供应链，而CMOS工艺的供应链因为有摩尔定律这个演进趋势的存在，成本、集成度、产量都在指数级地优化。这使RF-SOI工艺在商用和产业链上有了明显的优势。随后，在RF-SOI工艺应用于手机射频电路不到10年的时间里，RF-SOI工艺已占据了手机开关及LNA 90%以上的市场份额，成为开关等电路的不二之选。

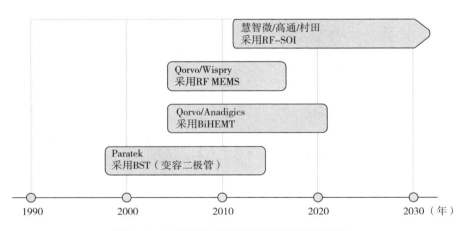

图4-31　行业公司对射频前端可重构技术发起冲击

2011年开始，看到RF-SOI工艺在射频行业应用中的强大趋势，慧智微等公司开始将RF-SOI工艺应用到可调谐射频前端芯片中来。虽然RF-SOI工艺开始展现出成本、供应、射频性能、高集成度、CMOS兼容等诸多优势，但在射频应用中仍然有一个问题没有得到解决，那就是高功率性能仍弱于 GaAs HBT。受制于工艺，虽然可以用叠管的方式解决耐压问题，但器件的非线性也在叠加，造成在作为线性 PA 使用、实现 25dBm 以上功率时，RF-SOI 工艺设计的 PA 在效率、功率、信号线性度方面仍弱于 GaAs HBT 等工艺。为了解决 RF-SOI 器件的功率问题，同时利用到 RF-SOI 工艺设计调谐、控制电路的优势，慧智微提出将 RF-SOI 与 GaAs 相结合的混合可重构架构，这种架构利用 RF-SOI 工艺来设计前级电路、射频调谐电路、偏置电路、矫正补偿电路等复杂的射频调谐电路，利用 GaAs 工艺实现高功率输出的后级电路（见图 4-32）。采用这种架构设计后，可以在确保射频功率特性的情况下，实现良好的调谐特性。

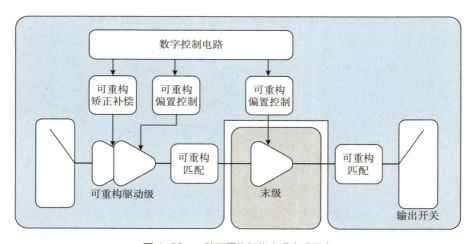

图 4-32　一种可重构架构实现方式示意

利用这种工艺架构，慧智微、高通等公司设计实现了 5G、4G 多频多模高集成射频前端芯片。这些芯片可以利用较少的硬件，实现同类产品多颗硬件才能完成的射频产品，并通过软件调谐功能，使芯片在每个工作的频段内都有良好的射频性能（见图 4-33）。另外，由于集成了软件调谐控制功能，这些硬件可以通过后续软件控制的方式进行功能与性能的升级，实现软件定义的射频前端芯片。

射频前端芯片的软件化对于整个射频系统有重要的意义，它不仅使当前射频前端产品的性能、成本、集成度得到了明显的优化，还为未来人工智能在无线系统中的应用提供了技术基础和硬件支撑。

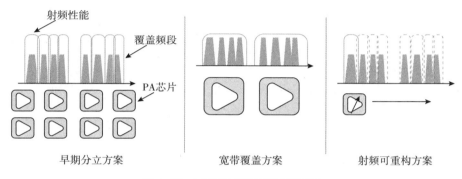

图 4-33　可重构射频前端的调谐特性

第五篇
射频的未来

从技术上讲，射频是一个让人望而生畏的学科，有着复杂的技术知识，有着难以理解的抽象理论。但射频存在的价值也很直观，它的存在就是为了满足人类对无限沟通的渴望。

射频技术也会伴随着人类社会的发展而不断进化，闭上眼睛畅想一下，你还觉得哪些连接还没有完成，或者哪些连接还有待优化？你畅想的这些地方，可能就是未来射频的发展方向。

你是否觉得射频连接还不够方便，不够直接？或者你是否厌倦了Wi-Fi、蜂窝切来切去，几个蓝牙设备断来断去？你是否希望将千里之外的景色全息投影，而不再只是屏幕显示？你是否希望在大海、沙漠中都可以自由联网？你是否希望找到一种方式可以和外星人交流？虽然这些场景现在看起来有些遥不可及，但随着射频技术的发展，这些可能并非天方夜谭。

进化：从 5.5G 到 6G

5G 可能是人类历史上发展最快的移动通信协议。自 2019 年 5G 开始商用以来，5G 在全球迎来快速发展。根据全球移动通信系统协会（GSMA）的统计，从各个通信制式的部署元年开始计算，3G 经过了 11 年达到了 10 亿用户，4G 用了 8 年，而 5G 只用了 4 年时间（见图 5-1）。到 2023 年，全球 5G 用户已达 15 亿。

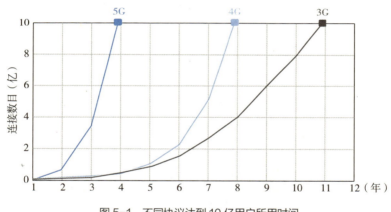

图 5-1 不同协议达到 10 亿用户所用时间

伴随着 5G 的快速部署，5G 第一阶段商用使命已完成，5G 也进入深度优化阶段。2021 年 4 月，3GPP 正式将 5G 演进的名称命名为"5G-Advanced"，业界也称其为 5.5G。2021 年 12 月，作为 5G-Advanced 的首个协议 R18 首批项目正式立项，5G 发展进入新阶段。同时，在 5G 部署及商用成功后，行业领导厂商又马不停蹄地开始 6G 协议的制定。2023 年 6 月，在国际电信联盟－无线电通信部门（ITU-R）发布 IMT-2030 总体目标建议书，首次向全世界正式发布了 6G 部署时间、6 大应用场景及主要能力提升，开始有条不紊地推进 6G 协议。

持续演进的 5G

根据 GSMA 对未来 7 年的预测，在接下来的 7 年时间里，全球蜂窝移动终端连接数目将由 85 亿继续增长至 95 亿。其中，5G 连接数目增长迅速，将从 2023 年的 15 亿增长至 2030 年的 50 亿，占总连接数的比例从 20% 增长至 50% 以上。

为了满足移动通信的不断发展，自 3G 时代起，协议发布之后不再是一成不变的，而是不断演进的。例如，WCDMA 协议在后期迭代出 HSPA（High Speed Packet Access），以提供更高速的上下行速率。这一做法在 4G 时代得到了充分的发展。

ITU-R 于 2008 年发布 4G 协议技术要求和性能目标，定义 4G 需要满足 1Gb/s 的峰值下载速率和 500Mb/s 的峰值上传速率。这个提升对当时只有几十兆比特每秒的上传下载速率的 3G 时代来说是不可想象的。3GPP 一直在对 3G 协议进行改进和提升，自 2004 年开始，3GPP 不断采用新的信号处理技术、调制方式、多天线技术等提升无线数据网络的容量与速度。3GPP 认为无线通信技术的提升是一个长期工作，于是将这个项目的名称称为"长期演进"（Long Term Evolution），简称为 LTE。

LTE 并不是完全满足 ITU-R 4G 需求的协议，在 2009 年 LTE 的第一个版本（R8）商用时，其只有峰值 150Mb/s 的下行速率和 50Mb/s 的上行速率。为了达到 4G 协议的要求，LTE 进行了多次版本升级，最终在 2011 年发布的 R10 版本上，才达到下行 1Gb/s、上行 500Mb/s 的峰值速率，真正达到了 ITU-R 的需求，成为被 ITU-R 认可的 4G 协议。3GPP 也给这一版本协议一个新的名称——LTE-Advanced。所以从严格意义上讲，LTE 并不是 4G 协议，真正的 4G 协议是从 LTE-Advanced 开始的。

ITU-R 对 5G 的期待是满足 20Gb/s 的峰值下行速率，这一次 3GPP 并没有打折，在 5G 的第一个版本协议（R15）中，协议所能达到的峰值速率即 20Gb/s。但 5G 协议并没有止步于此，为了达到 5G 定义之初"铁三角"

的应用场景（见图5-2），R15完成eMBB场景的主要需求定义后，R16又逐步完善。其中，在eMBB场景中完善了毫米波的定义，并加入了独立组网（SA）的定义，使5G成为真正的独立宽带网络。在uRLLC场景中，定义也逐步完善，并加入了NR V-2X的标准，完成对基础车联网的定义，使5G低时延特性得到更大发挥。在mMTC场景中，将NB-IoT、eMTC协议纳入5G核心网的支持中，补齐海量物联场景的定义。并且，在网络基础能力定义中，定位、节能、智能化功能也不断增强，5G标准从基础走向标准。2022年，R17协议冻结，完整的5G协议再次走向增强。初步的非地面网络（Non-Terrestrial Network，NTN）功能被定义进来，5G网络从地面走向天空。同时，车联网、物联网协议得到增强，定位、人工智能的结合持续升级。

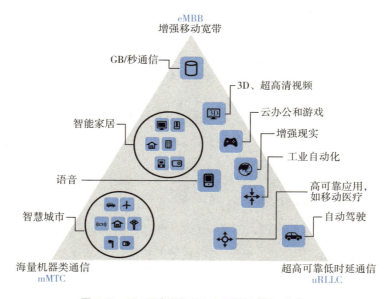

图5-2 ITU所定义的5G应用场景"铁三角"

随着5G R15标准的基础定义，R16的完善，R17的增强，5G第一阶段的使命已基本完成。2021年12月，3GPP完成R18协议首批项目立项，立项项目涵盖 eMBB、uRLLC、mMTC 多个场景，涉及 27 个项目，这些项目对 5G 无线通信的容量增强、人工智能应用、空天一体、轻量化终端等多个方面进行增强和完善。3GPP 对这些项目寄予厚望，认为这些项目将是 5G 完成第一阶段之后的性能的再次提升，并且是未来 6G 演进中的重要铺垫。3GPP 也给 R18 及之后的协议定义了新的名称，即"5G-Advanced"（见表 5-1），区分为 5G 的新阶段，展示 5G 的技术演进与创新。

表 5-1　5G-Advanced 协议演进

协议	LTE	LTE-Advanced	LTE-Advanced Pro	5G NR	5G-Advanced
发布时间	2008—2009年	2011—2015年	2016—2017年	2019—2022年	2024年
协议版本	R8~R9	R10~R12	R13~R14	R15~R17	R18
最大下行	150~326 Mb/s	1 Gb/s	1.5~2 Gb/s	20~30 Gb/s	40 Gb/s
最大上行	50~86 Mb/s	500 Mb/s	0.75~1 Gb/s	10~15 Gb/s	20 Gb/s

虽然 5G-Advanced 仍在研究中，一些技术还并未成熟商用，不过有几项具有特色的项目仍值得关注。例如，5G 与人工智能的融合，5G-Advanced 有望通过人工智能对物理层的优化、对资源管理的优化、对故障检测与预测的优化，来提高物理层的性能与效率，提高网络的资源利用率与分配效率，提高网络可靠性与稳定性。又如，在对双工技术的研究上，全双工的概念再次被提出并展开研究，通过对自干扰的消除，使上下行信号可以同时、同频进行传输，极大地提高了频谱利用效率。另外，5G 轻量终端相关的 5G RedCap 协议，空天一体相关的 5G NTN 协议，都将被继续探讨，并得到发展。

5G 演进中的新特性如表 5-2 所示。

表 5-2 5G 演进中的新特性

年份	2018	2020	2022	2024
协议版本	R-15	R-16	R-17	R-18
标准	5G 基础标准	5G 完整标准	5G 增强标准	5G-Advanced
eMBB 增强移动宽带	主要 Sub-6GGHz；基础毫米波定义；NSA	毫米波 eMBB 定义；加入 SA	扩展频段；多天线能力；初步的空天地（NTN）	能力提升；网络架构增强；垂直行业；5G 与人工智能融合；节能；新业务方向；持续增强；首批确定 27 个项目立项研究
uRLLC 低时延高可靠	基础 URLLC 功能	完善 uRLLC；基础车联网（NR V2X）	高容量 uRLLC；更丰富的车联网	
mMTC 海量物联		5G 核心网支持 NB-IoT/eMTC	中高速大连接物联网（RedCap）	
网络基础能力	基础结构设计；网络切片、边缘计算	米级定位、节能；网络基础能力增强；网络智能化	亚米级定位；与人工智能融合	

6G 愿景

随着 5G 的正式商用，对 6G 的技术讨论也悄然到来。虽然不断有声音说，6G 技术还为时尚早，因为 5G 商用还未全面普及，5G 的优势还没有完全体现，5G 需要的提升也未有定论，但是随着无线通信管理组织的探讨，行业领先公司的研究，6G 的目标逐渐清晰。一般在全球性新协议的开发过程中，主要分为 3 个阶段，第一个阶段是国际电联等全球无线电管理机构发出愿景性标准，定义新协议的主要实现目标及主要时间点。第二阶段是协议组织（如3GPP、IEEE等）制定技术方案，将协议进行标准化。第三阶段是行业组织推动商业落地。

经过近两年的讨论，ITU在2022年6月确定了6G的主要时间表（见图5-3）。在ITU的指引中，6G发展将分为3个阶段进行。第一阶段是愿景定义阶段，这个阶段在2023年6月之前完成，将完成愿景定义，新应用趋势与技术趋势的识别，新场景、新频谱的定义。第二阶段是确定需求和评估方法阶段，这一阶段主要是指定技术性能要求，并且收集候选技术方案，确定评估方法，这一阶段将在2026年之前完成。第三阶段是输出规范阶段，这个阶段的主要目标是输出规范，发布标准，将在2030年之前完成。也就是说，6G的商用将在2030年实现。射频无线协议的10年一更迭的节奏仍然在继续。

图5-3　ITU的6G时间表

2023年6月，ITU将6G场景、能力需求做了发布，顺利实现6G第一阶段的愿景定义。根据ITU的定义，6G应用场景被归为6大类。其中3大类为原来5G场景的增强，3大类为6G的新增。3大类增强的场景是将eMBB升级为沉浸式通信，将mMTC升级为海量通信，将uRLLC升级为超级高可靠低时延；3个新增的场景为无处不在、人工智能集成、感知集成。另外，6G还定义了4大设计原则，分别为持续演进，连接未联，无处不在的智能，安全、隐私、弹性。ITU所定义的6大场景和4大设计原则相互协同，共同构成6G"场景之轮"（Wheel Diagram），如图5-4所示。

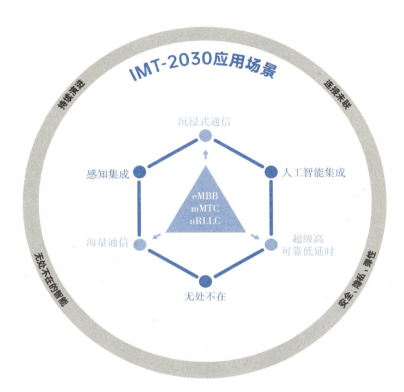

图 5-4　6G 场景之轮

ITU 也对 6G 的能力做了定义，射频无线通信网络的 15 大能力再次得到提升或重新定义。在这些能力提升中，有 9 项能力是在原有网络能力中做的提升，如在过去几代协议演进中被不断提及的上峰值速率、连接密度、时延等，这些能力将再次得到数量级的提升。6G 也重新定义了新的 6 大能力，这 6 大能力分别是人工智能、持续演进、感知、覆盖、交互、定位。在 6G 的新能力定义下，6G 必将实现更智能化的射频无线网络。ITU 将 6G 的能力称为 6G 能力调色板（见图 5-5），9 项能力提升与 6 大新能力使 6G 应用更值得期待。

在 6G 的定义下，无线连接的能力再次得到提升，如果说 5G 应用场景的"铁三角"让无线网络从人的互联走向万物互联，那么 6G 的"六边花"就将实现万物互联下的能力加持。6G 的到来，使射频无线网络

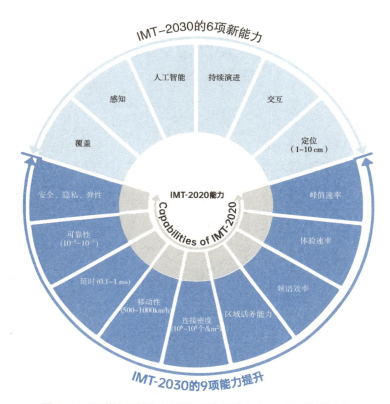

图 5-5　6G 能力展望之 6G 能力调色板（IMT-2030 通信能力）

不再是连接的延伸，而是成为能力边界突破的助力。6G 强大的通信能力将使物理世界、数字世界的界限不再明显，两个世界相互交织，实现智能的全息网络。6G 无处不在的连接将使人类、机器、海量传感器实现互联互通，共同构建起一个高效协同的体系。6G 还将使卫星通信、地面通信、空中通信等多种接入方式实现完美融合，实现连接的全域覆盖。6G 也将充分利用人工智能、边缘计算等新兴技术，让连接变得更加强大与智能。6G 不仅继续实现万物互联，6G 还将带来万物突破能力边界的新机遇。

其他射频通信协议的进化

不只是蜂窝移动通信，其他协议也在不断发展和创新，如Wi-Fi、蓝牙、NFC等，这些协议各有特点和应用场景，与蜂窝移动通信相互补充，共同利用射频技术构建智能、无线互联的新时代。

Wi-Fi协议的进化，爆炸性的大速率

Wi-Fi协议是局域网的代表协议，自1999年Wi-Fi联盟成立以来，Wi-Fi协议从第一代更新至Wi-Fi 4、Wi-Fi 5，在2019年更新至第六代的Wi-Fi 6。2021年，IEEE发布802.11be协议草案，这个标准在2023年确定了协议的最终版本，同时也成为正式的Wi-Fi 7标准。通过320MHz信道带宽、16个空间流、4K QAM等技术的加持，Wi-Fi 7预计实现46Gb/s的恐怖速率。在这种速率加持下，1秒钟就可以传输约50部高清电影。

经过20多年的发展，Wi-Fi技术的速率从最早的2Mb/s，提升到了46Gb/s，速率提升达2.3万倍（见图5-6）。Wi-Fi作为高速无线局域网协议的代表，其演进的主要思路是不断提高无线通信的速率、效率、容量及可靠性，以满足不断增长的无线网络通信要求。未来Wi-Fi协议将利用更多的频谱资源，采用更高级的调制技术，采用更先进的多天线、多信道传输技术，实现更大的速率传输。据预测，未来Wi-Fi协议有望达到100Gb/s，甚至1Tb/s的传输速率。

蓝牙协议演进，场景丰富性的优化

和Wi-Fi协议的数万倍的速率演进不同，蓝牙协议从1999年诞生之初到现在一直维持着兆比特每秒级别的数据通信速率，速率并没有本质的提升。但应用场景却在不断地丰富。

作为个人局域网射频技术的代表，蓝牙协议随着人类对于无线设备应用的需求的提升而不断演进。蓝牙协议最早只是用来进行简单的近距离无线数

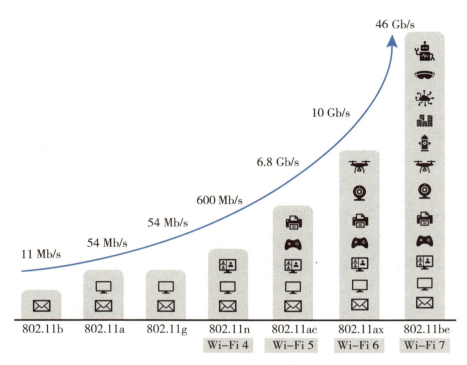

图 5-6　Wi-Fi 速率的演进

据通信，提供 1Mb/s 的无线传输。在 2001 年，蓝牙协议加入了语音传输的支持，并对此改进了稳定性与兼容性。随后，蓝牙协议在简单配对、简化连接过程、提升安全性、干扰问题解决方面不断优化，真正使蓝牙技术成为个人通信设备无线通信的代表技术。2010 年，蓝牙协议发布 4.0 标准，引入了低功耗模式（Blutooth Low Energy，BLE），解决了物联网设备的功耗问题，为物联网的无线应用提供了保障。

蓝牙协议改变了很多人的生活习惯，如最近被广泛使用的真无线立体声（True Wireless Stereo，TWS）耳机，就是基于蓝牙技术开发的便携耳机。在 TWS 耳机之前，耳机需要和手机或计算机之间有线连接，即使蓝牙耳机实现了耳机与手机之间的无线，但左右两个耳朵之间仍需要采用有线同步，不然两个耳朵之间就会出现不同步或延迟。蓝牙协议为此升级到5.0，升级之后的蓝牙协议将传输速率提高了2倍，到2Mb/s，实现了高质量的音频传输；并且降低了功耗，延长了使用时长；另外还将音频延迟降低到40毫秒以下，实现了左右双耳良好同步。于是蓝牙协议被广泛应用到TWS耳机里，给用户带来了更好的音质体验。

在未来演进中，射频无线连接的范围将不断扩展，还会有越来越多的无线连接应用不断涌现。蓝牙协议作为无线连接中的"最后100米"，也必将跟随着无线应用的丰富，而不断优化和进步（见图5-7）。

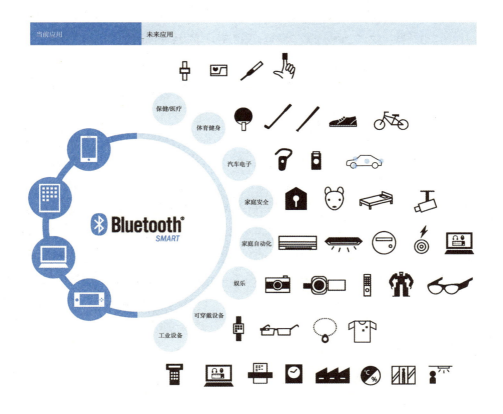

图5-7 场景越来越丰富的蓝牙应用

一些新的射频技术

开辟一条更宽的路：毫米波通信

毫米波技术在军用、雷达等领域已经有多年的应用。在民用领域，也随着最近的5G移动通信、民用卫星通信，以及车载毫米波雷达等应用的普及，逐渐走进了大众的视野。我国工信部在2023年1月发文，将21.2~23.6GHz和71~76GHz、81~86GHz的毫米波频段，列为我国可用于无线通信的频段。根据统计显示，5G毫米波手机2023年出货突破1亿部，并且在2025年有望实现第二波的快速增长。除手机外，其他领域的毫米波应用数量也在快速提升，如车载毫米波雷达市场和卫星通信市场，均在快速增长。

毫米波的本质是想开辟一条更宽的道路，实现更快的速率传输。不过，毫米波的使用也带来新的问题，如衰减明显，难以形成绕射等，需要用新的射频技术来解决。

毫米波一般是指电磁波频率在30GHz到300GHz频段范围内的电磁波，由于此频段电磁波在真空中的波长为1~10mm，波长处于"毫米"量级，所以这个频段的电磁波被称为毫米波。这个频段的电磁波在一开始是让射频工程师难以企及的，受益于半导体集成电路工艺、通信设备技术的突破，人类对电磁波频谱资源的征服不断向上延伸。在民用通信领域，在20世纪初，主要的无线通信制式是电视和电台广播，所使用的是频率范围在100MHz左右的射频频率；进入20世纪80年代，人类开始使用在1~3GHz的微波频段，实现手机移动通信；2020年，5G移动通信除了定义6GHz以下频段，还将频率扩展至24~40GHz的毫米波频段。

人类将应用频谱不断向上扩展的原动力，是寻找更丰富的频谱资源，以满足更高通信速率的需求，无线通信进入毫米波也不例外。相较于6GHz以下通信频段，30~300GHz的毫米波有着近50倍的频谱资源。这就相当于在拥挤的车道旁边，又开辟了一条拥有几十个车道的高速公路，大大提升了通信速率。所以毫米波通信的第一个特点就是大带宽。大带宽可以完成更高的通信速率。根据一些机构对手机终端的通信速率测速显示，相较于4G

LTE，5G Sub-6GHz网络有5倍的速率提升，而5G毫米波网络，可实现20倍速率的明显提升。

毫米波通信的第二个特点是分辨率高，当作雷达使用时有更高的精度。电磁波作为雷达探测使用的原理是通过发出电磁波信号后，监测电磁波遇到物体之后的反射情况，就可以检测出物体的尺寸、距离等信息。作为雷达探测使用时，由于电磁波的衍射效应，电磁波对探测物体的分辨率和电磁波的波长呈正比：波长越短的电磁波，越能分辨出更精细的物体。于是，毫米波就被应用到雷达检测中来。相比于1GHz左右，波长在0.3米左右的射频电磁波来说，位于30GHz以上的毫米波分辨率更高。车载毫米波雷达是毫米波在雷达领域的典型应用，车载毫米波雷达一般采用24GHz、77GHz及79GHz频段，实现最高厘米级的高精度探测。

在毫米波实现时，毫米波电路有电路尺寸小的特点。在射频微波电路的实现中，所用到的元器件值通常与电路工作的波长呈正比、与频率呈反比。于是，工作在更高频率的毫米波电路通常可以做到更小的尺寸，这在一定程度上降低了电路的成本，同时也为后续的相控阵技术提供了基础。一般包含本振、上变频器、功率放大器等各个模块，4~8个通道数目的毫米波系统在10平方毫米芯片中即可实现，芯片只有一粒大米大小。

毫米波也不全是优点，其最大的缺点就是路径损耗大，易受到干扰（见图5-8）。根据信号传输公式，在传输距离一定时，电磁波的损耗与波长尺寸呈反比：波长越短的电磁波，路径损耗越大。路径损耗过大就使得毫米波通信无法传输足够远的距离。例如，对于1GHz移动通信，通信基站的覆盖距离可达到数千米范围；而对于毫米波，覆盖距离就快速缩小至数百米。这就对基站的部署提出了更高的要求。除了路径损耗，毫米波还容易受到物体遮挡的干扰。毫米波由于波长短，厘米尺寸的物体就会对信号形成遮挡和反射，这个特点在雷达检测中是优点，但在移动通信中却是致命缺点，使毫米波只能用作"视距传输"，而无法进行绕射传输。

为了改善毫米波的传输，相控阵技术被引入毫米波系统中。相控阵技术是通过控制阵列天线各单元的相位、幅度，来形成对信号空间波束控制的技术。相控阵技术起源于20世纪初发明的天线阵技术,并最早在军用雷达中得到了广泛应用和迅速发展。进入21世纪后,随着民用电磁波频率的不断提高,相控阵技术在民用技术中也开始崭露头角。在相控阵技术中,有两个重要的技术概念,分别是"相控"和"阵"。

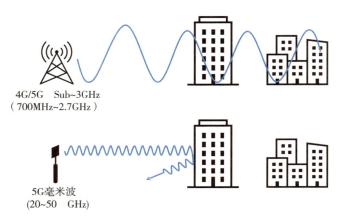

图5-8 毫米波传输,容易受到物体干扰

天线阵技术是诺贝尔物理学奖获得者、著名物理学家卡尔·费迪南德·布劳恩(Karl Ferdinand Braun)于1905年所发明的。布劳恩是阴极射线管的发明者,同时也是无线通信技术的先驱者。1909年,因为在无线电报技术中的贡献,布劳恩与马可尼分享了当年的诺贝尔物理学奖。布劳恩曾表示:"我心之所往的,就是将电磁波只向一个方向传播。"只向一个方向传播的电磁波可以避免无谓的损耗,并且单方向的传播能量更强,传播距离也更远。布劳恩设计的天线阵系统包含3根垂直单极天线,分别放置于等边三角形的3个顶点处,两两相距1/4波长。通过控制输入信号的相位,就可以实现3根天线发出的信号在3个方向上的叠加情况,从而实现天线向3个方向的分别定向发射。

天线阵技术被发明后,受到了军方极大的关注。其定向发射接收、不需要物理转向调节、传播距离远等特性非常适用于军用雷达领域。于是在

1920年前后，美国、德国等国家开始研究将天线阵技术应用于军事雷达中。在1941年，美方将天线阵雷达SCR-270系统部署于珍珠港，该系统包含由32根天线构成的天线阵列。虽然这个雷达系统并没有成功阻止日本的攻击，但天线阵雷达的可行性得到了完整验证。在现代军用系统中，相控阵系统已经得到的广泛应用。

天线阵技术的引入为电磁波的定向收发提供了基础，但实现方向的控制与扫描，还需要引入相位控制技术，也就是"相控"。以接收信号时举例，当天线阵系统进行信号接收时，由于进入各天线的信号经过的传输路径不同，如果直接相加，并不能实现信号的完美加和。这个时候，就需要将各路信号进行移相对齐后，再叠加起来。这个移相对齐的过程，就称为"相控"（见图5-9）。通过控制不同通路间的相位关系，就可以接收不同位置发出来的电磁波信号。

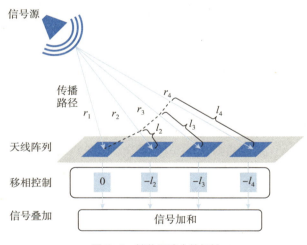

图 5-9　接收通路中的相控

在发射信号时也是一样的，通过对输入信号的相位设计，可以控制输出信号在哪个方向进行叠加。如此，在需要变换发射角度时，只需要改变各信号的相位差，这样就建立起信号发射角度与相位之间的联系。

为简单描述，以两天线组织的阵列分析如图5-10所示，当两天线发出的信号之间相位无偏移时，两天线发出的信号在中间对称处叠加，而在其他位置抵消，信号集中于垂直方向发射；当两天线信号有相位差时，以天线1的相位延迟大于天线2为例，天线2发出的信号超前于天线1，此时叠加方向向左倾斜。通过控制天线1与天线2之间的相位差，即对发射信号的波束方向进行控制。因为这种技术像是在对波束形状进行赋形，所以也被称为"波束赋形（Beam forming）"技术。

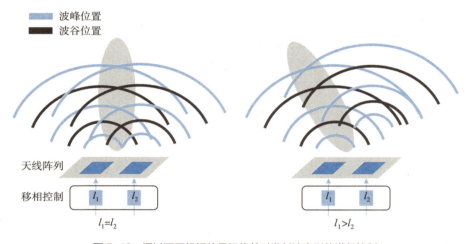

图 5-10　通过两天线间信号相位差对发射波束形状进行控制

毫米波、相控阵虽然是独立的两大技术，但在使用中，经常将二者结合使用，两种技术相得益彰，实现优势互补。毫米波技术的特点是带宽大，但其路径损耗大、传播距离短，利用相控阵技术的波束聚焦功能，刚好可以将毫米波实现定向发射，增大传输距离。相控阵技术的优点是可实现信号的定向发射，但由于需要几十甚至成百上千个阵列，造成电路面积增大，毫米波电路面积小这个优势，刚好可以用于实现大规模阵列。于是，"毫米波相控阵"这一组合相辅相成，在一些特定应用领域所向披靡。

在2020年10月苹果发布的iPhone 12手机中，手机顶部及侧面分别部署了4天线毫米波阵列,实现毫米波信号的收发功能。车载毫米波雷达也需要借助毫米波相控阵技术,利用多天线阵列的方式,实现毫米波信号的精准赋形,实现对物体的精准探测。另外,卫星通信是现在无线通信研究的一大热点,尤其是低轨卫星领域,由于其低时延、大带宽的特性,可以作为蜂窝通信很好的补盲使用,但卫星的快速运转也给地空连接提出挑战。毫米波相控阵系统的波束定向性,以及电子相位控制的快速扫描特性刚好可以在卫星通信中一显身手。在SpaceX公司星链系统中,就使用了工作于毫米波的相控阵系统。

把基站挂在天上:卫星通信

卫星通信是利用卫星作为通信"基站",移动用户与卫星直接相连后,通过卫星的中继,实现移动用户之间、用户与地面固网之间的互联的。卫星通信的优点显而易见,使用卫星通信后,人类的连接将不再受制于地面基站部署的限制,真正实现无处不在的互联,这也是人类不断梦想的连接形式。

在陆地蜂窝系统建设中,由于基站建设受限于物理环境,无法建设和覆盖沙漠、海洋等无人区域。卫星通信的广泛覆盖,可以为"无人区"提供通信支持。同时,由于全球经济发展的不均衡,全球大约有7亿用户无法使用互联网,占全球总人数的10%,其中印度及非洲分别有1.39亿及1.09亿人口。卫星通信的广泛覆盖特性,可帮助全球还没有联网能力的地区实现联网覆盖。

另外,随着物联网的发展,大量处于非基站建设范围的物联网终端需要联网,这些物联网终端可能无法采用陆地基站连接,如自然灾害监测系统、海洋轮船、远程无人机等,卫星通信可以解决这些物联网终端的互联需求。

对于人口低密度地区,卫星通信可以使该地区避免光纤基建的过度投入,在一些人口低密度地区,如美国、加拿大、澳大利亚、俄罗斯等,光纤全面建设的成本和人口全面联网的需求之间构成一对矛盾,卫星通信可以很好地解决这一矛盾。

按照在轨高度,卫星移动通信分为静止轨道(Geostationary Earth Orbit,GEO)卫星系统,中轨道(Medium Earth Orbits,MEO)卫星

系统和低轨道（Low Earth Orbit，LEO）卫星系统。

　　静止轨道卫星系统运行在赤道上方高度约35800千米的地球同步轨道中，运行周期同地球相同，一般较少卫星即可实现全球除极地以外的覆盖。不过由于高度高，其传播时延高。目前有代表性的静止轨道卫星系统主要是由国际移动卫星公司经营的国际海事卫星（Inmarsat）系统。该系统由13颗地球静止轨道卫星构成，可以向南北纬0~83度以内的地区提供电话、传真和数据业务，主要承担国际船舶、飞机等的航行、遇险安全通信任务，目前终端用户约30万个。目前Inmarsat已经历经五代系统更替，前四代采用L波段频率（1~2GHz频率范围），第五代采用Ka波段（27~40GHz频率范围），可提供约50Mb/s的下行及5Mb/s的上行传输。

　　中轨卫星系统轨道高度在2000~30000千米，因为其高度高，且无法实现与地球周期同步，目前发展不如静止轨道卫星系统和近轨卫星系统，目前有代表性的为Odyssey系统。Odyssey系统由TRW空间技术公司推出，由12颗高度为10000千米的卫星构成，可在全球范围为280万个用户提供服务，通信速率约为4.8~19.2kb/s。

　　近轨卫星系统是近年来广受关注的卫星通信系统，近轨卫星系统轨道高度在1500千米以下。由于处于近地轨道，若实现全球覆盖需要较多的卫星数量，但近轨卫星系统有卫星链路传播损耗小、低时延的优点，适合于多用户的全球卫星互联，是当前宽带卫星通信关注的重点。

　　近轨卫星系统在20世纪末期经历了第一个发展高潮，这也是第一代的近轨卫星。当时全球移动通信的概念被全球关注及推行，在20世纪90年代所推行的第二代蜂窝移动通信系统就被取名为全球移动通信系统（Global System for Mobile Communications，GSM），但蜂窝通信由于受限于基站建设，只能覆盖地面基站所覆盖的数十平方千米范围，并不能实现真正意义上的全球覆盖。传言摩托罗拉一位工程师的妻子在加勒比海度假时，向丈夫抱怨没有信号无法接到客户电话。这位工程师突发奇想，如果用环绕地球的卫星组成一个星座，不就可以让通信覆盖地球上的每一个角落了吗？

　　1998年，如日中天的摩托罗拉公司雄心勃勃地推出了铱星近轨卫星星座系统，铱星系统由77颗近轨卫星组成，为用户提供全球个人移动通信服务。铱星系统是一个里程碑事件，它是人类历史上第一个商业近轨道移动通信系统。同样在1998年，另外两个近轨道全球通信卫星系统相继建立，分别是全球星（Globalstar）和轨道通信（Orbcomm），这一年，铱星发射40颗近轨卫星，全球星和轨道通信分别发射20颗及18颗。这也被称为第一代近轨卫星通信系统。

虽然计划斗志昂扬，但现实却很残酷。第一代卫星通信系统建立时并没有找到合适的盈利模式。当时，卫星发射成本居高不下，但却没有足够多有钱的"金主"愿意为卫星通信买单。在入不敷出的情况下，2000年前后，第一代卫星通信系统先后宣告失败：2000年3月，铱星系统背负40亿美元债务宣告破产；全球星及轨道通信也分别放弃第一代，分别转到第二代近轨卫星通信系统中。

第一代近轨卫星通信系统以商业的失败而告终。在面对如何实现商业成功上，第二代铱星系统与SpaceX公司的星链系统选择了完全不同的路线。

铱星选择了寻找"土豪"用户。铱星于1999年申请破产保护和债务重组，并重新组建了新的铱星公司。新的铱星公司将营销对象转向了美国军方。2001年，"911"事件爆发，美国开始在全球进行反恐战争。铱星公司等待的"土豪"用户终于出现了，铱星公司与美国军方的合同进一步巩固。同时，不少美军官兵个人也购买了铱星电话和家人联系。铱星公司拥有了全球约85万个用户，营收也在稳步提高，2019年，铱星达到了5.6亿美元的营收。

星链选择了降低卫星发射成本，服务广泛市场。如果说当年的铱星计划是雄心勃勃的，那么2020年的星链计划则是近乎疯狂的。星链卫星系统准备在2024年前发射4425颗卫星，这个数字甚至大于当前全球在轨卫星的总和（截至2020年11月为3300颗）。星链卫星系统长期共计发射4.2万颗近轨卫星，实现全球的覆盖。星链的目标用户为数亿需要卫星进行互联网链接的用户。为了满足广泛用户对于上网成本及上网质量的需求，SpaceX开发了一系列降低卫星发射成本的技术。例如，SpaceX的星链卫星仅227千克左右，一次火箭发射可以发射60颗星链卫星；同时SpaceX的火箭还可以进行火箭回收，重复利用，用以进一步降低发射成本。这和当年铱星时代一次发射只承载几颗卫星并且火箭不可被回收相比，卫星发射成本有了数量级的降低。

除了SpaceX公司的星链计划，英国卫星通信公司的OneWeb计划提出将发射720颗近轨卫星（第一期为648颗）。在我国的星网计划中，中国航天科工集团的"虹云"卫星通信系统和中国航天科技集团的"鸿雁"卫星通信系统，均是为近轨通信设计的卫星通信系统。

大家看到卫星通信，就会想当然地认为可以绕过运营商进行通话、免费上网打电话了，就可以取代现在用的4G、5G甚至宽带了。其实不然，卫星通信只能作为陆地蜂窝通信的补充，无法做到对陆地通信系统的取代。

随着星链计划的推出，以及铱星计划的升级，近地卫星通信开始进入兆比特每秒量级，星链计划所推出的150Mb/s为最快标称速率。陆地移动通信的5G系统愿景为达到10Gb/s的通信速率，相比近地卫星通信高近100倍。全球星系统的通信速率每秒只有数千比特，几乎只能完成语音及短信业务，无法完成互联网数据业务。

另外，卫星通信的连接数目也更加受限。目前，陆地蜂窝通信系统已在全球建成约700万个物理站点，覆盖52亿个全球用户。即使星链卫星系统宏大的4.2万颗卫星系统建立成功，其数目也只是全球基站数目的0.6%，每颗卫星需要覆盖两个上海的面积。单个卫星需要覆盖的范围面积大，用户容量大大受限。根据测算，铱星系统全球最大承载的用户数目为1470万个，这只相当于上海人口的一半左右，远低于陆地蜂窝通信系统。

卫星通信的成本也会更高。在目前提供卫星通信的服务商中，星链公司的服务费用为每月99美元（约650元人民币），可提供网络服务；全球星服务费用约20美元（约130元人民币），提供紧急呼叫服务。对比陆地移动通信系统部署发达地区的单月10美元（约65元人民币）的上网套餐相比，通信成本高。

在射频系统的设计上，卫星通信给射频系统设计提出了高的要求。地球同步卫星距离地球表面3.6万千米，这个距离相当于北京到上海距离的近20倍。和地面基站相连接时，手机的传输距离只有1千米左右，而和地球同步卫星连接时，这个距离要增加3.6万倍。这给信号传输带来极大的挑战。

近轨卫星距离地面的距离更近，也可以实现更高的传输速率与更低的通信延迟。近轨卫星距离地球表面的距离约1000千米，基本相当于北京到上海的距离。虽然距离比同步卫星近了，但连接信号的难度却一点没有降低。近轨卫星以非常快的速度在绕地球旋转，绕地球一圈的时间大约只有100分钟。如果以60度的可视角度计算，每一颗卫星在视角范围内的时间只有17分钟，即每隔十几分钟就要进行一次连接卫星的切换。并且，这些卫星在以每小时3万千米的速度快速飞行。这就需要地面站信号波束必须有准确、快速扫描的特性。

想象一下，地面近轨卫星的射频收发系统做的事情是在上海发射一个篮球，准确投进1000千米外北京的篮筐里，并且这个篮筐还在以比高铁快100倍的速度移动。射频连接的难度可想而知。

未来的畅想

很少有一门技术像射频技术一样，依靠100多年前的4个公式，就将射频技术的发展牢牢框死。1873年，麦克斯韦在他的伟大著作——《电磁理论》中系统总结了他的方程，这个方程用4个公式揭示了电磁波的本质。射频技术在接下来的150年快速发展至今，但仍未超脱麦克斯韦方程的范围。射频技术好像没有本质更新。

随着信息论、集成电路技术在射频技术中的应用，人类对于无线连接的需求得到了极大的满足。几乎人手一部的手机、无处不在的网络、越来越多的互联设备，好像人类已经将所有能想象的物体连接上了网络。

再也没有本质更新的技术，应用需求好像也已经被全部满足。这不禁让人提问，我们还需要更强的射频技术吗？

其实这个问题在每个代际的无线通信协议发展中都会被人提及。在手机诞生之前，大部分人类觉得有广播就够了；在第一代移动通信诞生后，很多人觉得人手一部能随时打电话的手机已是神话；第三代移动通信让人类体会到了"数据连接"；第四代移动通信将互联网变成了"移动互联网"；第五代移动通信开始实现汽车、卫星等的万物互联……无线通信技术不断用它越来越强大的能力，刷新人类对于射频技术的认识，更不断拓展人类对这个世界认识的方式与边界。

未来的射频技术会变成什么样？确实很难想象。不过和人类世界一样，想象不到的未来，才代表最好的未来。因为只有想象不到，才代表了无限的可能性与创造力，才代表了我们无限的愿望与期待，也代表了未来多样与包容的可能。未来射频技术的发展可能没有确定的路径，但相信在这个发展过程中，人类会找到最适合的发展路径，射频技术也会不断突破，为人类对"沟通"的无限期待提供无线连接的支撑。

在未来射频技术的发展中，可能有以下发展方向：

- 通信速率：继续简单粗暴增长。
- 连接未联：这一切都只是起点。
- 边界拓展：没有限制的感知。
- 人工智能：突破想象协同。

通信速率：继续简单粗暴增长

最新的5G和Wi-Fi等无线通信技术已经可以实现数十吉比特每秒的通信速率，使用这个通信速率，可以在1秒时间里，下载几十部高清电影。目前都有这么高的通信速率了，未来通信速率增长还有必要吗？

有必要，因为当前移动通信数据量的需求，只是根据当前应用场景计算得出的。受制于当前的使用习惯，人类对于信息是通过眼睛、屏幕这一组合获取的，在这样的组合下，1080p分辨率的视频已接近感知极限。在未来，随着VR技术的发展，更高的分辨率、更高的刷新率将带来更为沉浸的数字体验，这就需要更大量的数据支撑。人类还希望通过无线网络建立一个数字孪生的世界,数字孪生是指通过数字技术,建立一个与真实物理对象或系统对应的虚拟模型,实现信息的同步与交互。数字孪生需要收集更大量的数据,需要构建更复杂的模型,也需要进行更丰富和复杂的视觉、听觉、触觉等感知交互,这一切,都需要无线系统有更快的数据传输能力。

未来世界,进行无线连接的不再只有人类,人类感观的极限也不再是无线数据传输的上限。无穷的感知设备,无限的感知能力,将不断拉高无线数据传输需求。射频工程师还需要不断想办法将不断丰富的数据塞到空中,实现越来越大量的数据传输。

在以上应用推进下,通信速率还将继续简单粗暴的增长。根据ITU预测,过去10年里,全球移动通信的数据量增长了100倍,在未来10年,仍然还会再增长100倍。

全球数据消耗图如图5-11所示。

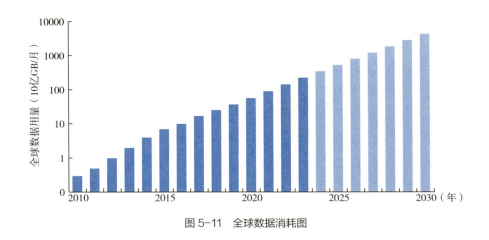

图5-11 全球数据消耗图

连接未联:一切还都只是起点

我大学毕业于2007年,在大学毕业后选研究生方向时,我的一位导师建议我选射频方向。我问为什么,我的这位导师指着当时桌上的网线、耳机线、电话线、视频连接线等对我说："无线射频技术将是未来长远的发展方向，只要你还能看到'线'，就有射频人一碗饭吃。"

在接下来的十几年时间里，射频技术确实如我导师所言一样，改变着这个世界的连接方式。Wi-Fi取代了网线，蓝牙取代了耳机线，5G网络取代了电话线……并且不止于此，无线连接还连接了原来没有实现连接的很多物体。例如，20年前，谁也想不到自行车需要连接上网，谁也想不到汽车的无人驾驶会这么快到来，谁也想不到千里之外某个深山中的景象可以被实时感知。万物互联的时代正在到来。

虽然我们已经初步实现了"万物互联"，但这一切都只是射频连接的起点。

虽然已经有很多设备连接上网了，但万物互联的潜力还没被发挥出来，目前的设备只是进行简单联网，连接方式也是基于传统协议，这些连接不够灵活与智能，收集的数据也较为单一，未来人工智能等技术的引入，将使万物互联的无线连接更为智能，实现更优化、更充分、更广泛的无线连接。

另外，万物互联的应用还没实现本质改变。目前，万物互联只是用于简单的信息收集与控制，大多只是为人们的决策提供便利。但人们可处理的信息有限，这也制约了万物互联所获取数据的丰富程度。未来，设备连接需要更加复杂和多样，决策也需要更为智能与强大，才能更好地实现智能制造、智能交通、智慧城市等应用的本质提升。

这一切都需要获取更多的数据，将更多未曾连接上网的设备进行联网。通过"连接未联"，让世界实现更高的智能化，实现根据环境和需求，自动地执行各种任务，使物体之间构造成为自我协同网络，实现智能的资源配置、分配、优化。

边界拓展：没有界限的感知

射频连接本质上是在增强人类感知世界的渠道。射频不只是实现"1""0"这些比特信息的传输，射频是在拓展人类感知世界的边界。

在早期射频通信技术不够发达时，环境的感知与信号的通信二者独立发展。用于感知的技术如射频雷达、激光雷达、断层扫描、磁共振成像等提供感知服务，得到的信息无法与更多设备协同。射频的发展可以将众多独立的感知系统连接起来，打通数据获取与数据共享之间的边界。射频的发展还可以推动感知技术的落地及普及。射频可以实现感知数据的收益最大化。通过射频技术，人类感知的边界将不断得到扩展。

有了射频技术，人类才有了"顺风耳"，可以听到地球另外一端的声音；有了射频技术，人类才有了"千里眼"，可以看到千里之外的一草一木。但人类的感知系统不只有耳朵和眼睛，机器对于信息的获取也不只是声音和图像。未来射频网络需要获取和传输周围物理环境的更多信息，挖掘通信潜力，增强用户体验，丰富应用场景。

利用射频信号，无线通信系统理论上可以感知世界的多种信息，如物体的位置、距离、速度等，通过针对物体多种信息的检测和追踪，可以实现高精度定位、动作识别、远程成像，甚至环境重构。

人工智能：突破想象的协同

射频是非常抽象的技术，同时射频资源也是极为宝贵的资源。在当前射频开发中，仍然是利用人们的射频知识，人为进行射频系统的设计，人为进行射频资源的管理，人为进行射频系统的控制。在这种情况下，射频资源并没有得到有效的利用。

经过100多年的发展，射频已经接近人类个人所能掌控的极限，这也限制了无线通信技术的更优化发展。在现代通信系统中，频谱分配仍然以较为简单的方式进行，通信设备也是采用全球大一统的标准在运作。人类期待用更多的射频通路完成更复杂的数据传输，但个位数级别的MIMO已经达到人类进行通路分析的极限。而这一切，可能会随着人工智能的引入而发生本质的改变。

通过在射频中引入人工智能，可以实现网络的智能化管理，对无线网络中的频谱、功率、编码、调制等技术进行智能化的分配和调度，最优化网络资源，最大化提升通信体验。通过引入人工智能，还可以设计实现更复杂的射频系统，例如，更多通道协同的射频系统，更复杂的通信方式，可以使得信号的收集、处理、传输更加有效。通过引入人工智能，可以实现设备与设备间的大面积协同，实现更强大的无线通信网络。

引入人工智能，将突破人类对于射频的想象，实现万物互联的巨大协同。这一切，都需要我们提前在射频上做好准备。

致谢
ACKNOWLEDGMENT

自2003年踏入电子科学与技术专业，到今日能够将我对射频的思考结集成书，这一路上，我得到了太多人的帮助与支持。在此，我想向每一位为本书付出过的人表示衷心的感谢。

我要向邬贺铨院士致以最崇高的敬意。邬院士在百忙之中为本书撰写序言，这不仅是对我个人的极大鼓励，也是对本书内容的高度认可。感谢邬院士的慷慨支持与宝贵意见。

同时，衷心感谢联发科技董事长蔡明介先生、龙旗科技杜军红博士、慧智微李阳博士等业界领军专家。他们的推荐与认可，为本书增添了分量，也让我倍感荣幸。

在本书的撰写过程中，我得到了众多业界专家的指导与帮助。感谢来自vivo、小米、OPPO、华为、荣耀，以及龙旗、华勤、闻泰、移远、广和通等企业的技术专家，感谢中国移动、电信、联通等运营商，联发科、展锐、ASR、高通等领先平台的技术精英，正是在与他们的交流中，我汲取了宝贵的灵感与专业知识，使本书内容更加充实与准确。

我还要感谢慧智微的同事们，尤其是市场团队的伙伴们，他们不仅为我提供了宝贵的建议，还不断激发我的创作灵感。尤其要感谢金芹芹女士在视觉设计上的出色工作，让本书更加美观、易读。

此外，衷心感谢电子工业出版社的邀请和支持，使这本书顺利出版，让更多的人能够接触到射频技术的魅力。感谢杨雅琳等老师的细心指导和耐心打磨，为本书的出版质量保驾护航。

最后，我要将最深沉的感谢献给我的家人。感谢妻子与孩子们的理解和支持，是你们的爱让我有动力完成这部作品。

这本书是我们共同努力的成果，希望它能为射频技术的发展贡献一份微薄之力。再次感谢每一位为本书付出过的人，感谢你们的陪伴与支持！

彭洋洋

2024年5月1日，于慧智微